# 저도 사춘기 딸이 어렵습니다만

# 저도 사춘기 딸이 어렵습니다만

제나 지음

두드림미디어

## 프롤로그

나는 작고 귀엽고, 너무나 사랑스러우며, 입가에는 항상 미소를 띤 딸이 있었다. 그런 딸아이 덕분에 너무나 행복했다. 20년이 넘도록 주말 부부로, 직장에 다니며 독박 육아하는 것이 힘들었지만 딸아이는 나에게 버틸 원동력이 됐다. 물론 가끔 '나도 자유시간이 있었으면' 하고 바랐다. '주말 아침에 늦잠 자고, 밤늦게까지 텔레비전도 봤으면' 하며 자유를 갈망했다. '애들만 다 키우고 나면 원 없이 자유를 만끽하리라' 생각하면서 버텼다. 이 마음은 전업맘이든, 워킹맘이든 관계없이 엄마라면 누구나 공감할 것이다.

그렇게 작고 사랑스러웠던 딸아이는 중학교 입학과 동시에 엄마를 내려다볼 정도로 훌쩍 커버렸다. 이제는 미소는커녕 짜증만 부리는 딸이 생겼다. 처음에는 너무나 낯설었다. 나는 다시 예전의 딸을 찾고 싶었다. 육아하면서 그렇게 고대하고 바라던 자유시간이 나에게 주어졌다. 그런데 이상했다. 아이들에게만 분리 불안이 있는 것이 아니었다. 엄마인 나에게도 딸아이로부터 분리 불안이 있다는 것을 알게 됐다. 나에게 주어진 자유시간이 자유롭지 않았다. 오히려 딸을 더 찾게 되는 나를 발견했다. 어렸을 때는 엄마와 같이하고 싶다고 쫓아다니던 딸에게 무엇이든 혼자 해봐야 한다고 단호하게 말했건만, 지금은 혼자 할 수 있다는 딸아이에게 같이하면 안 되겠냐며 구질구질하게 매달렸다.

중학교 3년 동안 딸아이는 엄마를 거부하고 엄마의 관심을 간섭으로 여기며, “신경 좀 쓰지 마!”, “내가 알아서 할게!”, “내 방 들어오지 마!”를 외쳤다. 사춘기 딸아이와 하루도 빠짐없이, 얼굴을 마주하는 순간이면 대립하며 서로에게 상처 주고 상처받으며 힘겨웠다. 아이의 사춘기가 빨리 지나가버렸으면 하는 마음으로 버텼다. 하지만 “내가 언제 그랬어!”, “기억나지 않는데?”라며 발뺌하는 딸아이가 어이없었다. 그래서 결심하게 됐다. 나중에 성인이 된 후 “딸! 선물이다”라며 딸아이의 사춘기 역사를 담은 책 한 권을 줘야겠다고.

거의 3년을 딸아이와 싸우며 보냈다. 육아와 사춘기에 관한 책들을 읽고 또 읽으며 ‘이럴 때는 이렇게 해야지. 저럴 때는 저렇게 해야지. 참아보자’ 다짐도 했다. 머리로는 이해하며 ‘써먹어 봐야지’ 하고 마음먹어도 막상 짜증 내는 딸아이를 마주하면 책에서 봤던 내용들이 소용이 없었다. 딸아이를 향해 욱하는 순간, 머리로 이해한 책 내용은 무용지물이 됐다. 어떻게든 내가 원하는 대로, 내가 키우고 싶은 목표대로 딸아이를 끌고 가려니 아이는 내게서 자꾸 벗어나려고만 했다. 그래서 사춘기 딸이 더욱 어려웠다.

기억을 더듬으며 딸아이와의 갈등과 대립 상황들을 책으로 기록하면서 신기한 경험을 했다. 책을 쓰기 전까지는 이 모든 대립의 원인이 사춘기 딸이라고만 생각했다. 그러나 책을 쓰면서 내가 했던 말과 행동들, 그리고 딸아이가 했던 말과 행동을 제3자 입장에서 바라볼 수 있었다. '내가 왜 그런 말을 했을까! 그런 말은 하지 말았어야 했는데. 그때 그랬겠구나!' 하면서 딸아이에게 미안한 생각이 들었다. 또한 엄마로서 성숙하지 못한 내 안의 내면 자아를 만나는 계기가 됐다. 그리고 왜 내가 딸아이의 말과 행동에 그러한 반응을 했는지 깨달았다. 나도 엄마가 내게 했던 방식을 딸에게 그대로 하고 있었다는 것을 말이다. 가르쳐주지도 않았고, 그렇다고 배운 적도 없는데 삶 속에서 체화한 것이다. 나는 더 이상 나의 딸에게 대물림하고 싶지 않았다.

엄마, 직장인, 아내, 딸, 며느리로 열심히 그 역할에 충실하게 살았다. 그러다가 딸아이가 사춘기를 맞이함과 동시에 여기저기 몸도 아파지기 시작했다. 내가 왜 이렇게까지 힘들게 살았는지, 내가 그동안 누구를 위해서 살아온 것인지, 딸아이는 더 이상 엄마의 존재가 필요 없는 것 같이 느껴지고, 남편은 도움이 하나도 안 되고, 나에게 남은 것은 아픈 육신뿐이라는 현실을 깨달았다. 세상은 온통 내가 해야만 하는 역할을 강요하는 것 같았다. 세상에 더 이상 '나'는 존재하지 않았다. 내 인생인데도 불구하고 나를 위한 시간 없이 삶을 숙제하듯 살고 있었다. 너무 허무하고 슬프고, 삶의 목적을 잃은 듯

했다.

나는 엄마가 엄마이자 아내, 교사, 며느리로 바쁜 생활 속에서도 어떤 일이든 역할을 충실히 해내는 것이 존경스러웠다. 반면 나의 엄마가 가족을 위해서 희생하고 사는 모습이 너무 싫었다. 그래서 '나는 절대 그렇게 살지 말아야지!'라고 생각했다. 그런데 내가 그렇게 살아오고 있었다는 것을 깨달았다. 내가 본 나의 엄마 모습 그대로 말이다. 그 순간, 나를 보고 자란 딸들이 엄마의 그런 모습을 싫어하다가 딸들도 자신을 위한 삶이 아닌 가족을 위해서만 사는 삶을 살게 되지 않을까 하는 생각이 들었다. 누가 알려줘서가 아닌 가장 가까운 곳에서 보고 자란 그대로를 자연스럽게 받아들이는 것이 무서웠다.

지금도 여전히 사춘기 딸에게 욱할 때가 있다. 하지만, 더 이상 사춘기 딸이 어렵지는 않다. 내 마음이 달라졌기 때문이다. 아니, 내가 마음을 바꿔 먹었기 때문이다. 엄마가 변하지 않으면 아무것도 변하지 않는다는 것을 알았다. 아이를 변화시키고 싶다면 엄마 먼저 변해야 한다. 엄마가 행복하면 아이도 행복할 수밖에 없다. 지금 행복해야 미래도 행복하다. 현재의 행복을 포기하지 마라. 자녀가 사춘기라면 엄마는 자기를 위한 시간을 가질 때임을 알아야 한다.

자녀의 사춘기 역시 다시 오지 않을 소중한 시간이다. 지나고 나면 또 후회하며 그때를 그리워할 것이다. 좋은 것만이 추억은 아니다. 힘들었던 것도 추억이다. 지나고 나면 모두 그리워할 다시 오지 않을 시간일 뿐이다. 그러니 사춘기 자녀를 두었다면, 지금은 아이와 가장 소중한 시간의 한 페이지라고 생각하라. 아이는 엄마의 감정을 먹고 산다. 인생을 숙제하듯 살아내지 말고, 축제인 듯 즐겁게 행복하라. 그래야 사춘기 아이도 인생을 축제인 듯 행복하게 생각하게 된다. 나는 딸아이가 지구에 여행하러 온 여행자처럼 즐겁고 행복하게 즐기길 바란다.

오늘도 사춘기 아이 앞에서 욱한 엄마들, 사춘기 아이가 힘겨운 엄마들, 사춘기 아이를 머지않아 맞이하게 될 엄마들에게 위안이 되어주고 응원하고 싶다. 그리고 그 엄마들에게 하고픈 말이 있다.

"아이가 사춘기를 맞은 지금이야말로 나 자신을 위한 시간을 보내세요. 자녀로부터 독립할 수 있는(분리 불안을 극복하는) 시간으로 채우세요. 아이가 행복하면 엄마도 충분히 행복할 수 있습니다. 하지만 아이가 사춘기가 지나면서부터는 엄마가 먼저 행복해져야 합니다. 엄마가 행복해야 아이도 행복합니다."

마지막으로, 나에게 책을 쓸 수 있는 기회를 주신 <한국책쓰기강사양성협회>의 김태광 대표님과 용기와 긍정의 에너지를 나눠주신 권동희 대표님께 진심으로 감사드린다. 그리고 책 쓰기를 처음 제안

해주신 주이슬 대표님께도 진심으로 감사드린다. 그리고 엄마로, 작가로 성장할 수 있고, 내 인생에서 내가 주인이 되어 살아가야 함을 깨닫게 해준 사춘기 딸에게 사랑과 고마움을 전하고 싶다. 또한 사춘기를 사춘기답게 보내지 못하고 끙끙 앓기만 하다가 혼자 힘들게 버텨왔던 큰딸아이에게 정말 미안하고, 엄마를 배려하고 힘들지 않게 해줘서 너무너무 고맙고, 사랑한다 전하고 싶다.

제 나

차례

## 3장. 사춘기 딸에게 화내지 않는 법



## 4장. 사춘기 딸과 관계가 쉬워지는 기술



## 5장. 더 이상 사춘기 딸이 어렵지 않다

# 1장

# 오늘도 사춘기 딸 앞에서 욱했다

# 우리 딸은 "싫어" 병을 앓는 중

당신은 사춘기 딸과의 대화에서 "좋아"라는 긍정적인 대답을 들어본 기억이 있는가? 나는 딸이 원하는 것을 사준다고 할 때, 돈을 준다고 할 때를 제외하고는 긍정적인 대답을 들은 게 언제인지 모르겠다. 딸아이는 자신이 원하는 옷을 사러 갈 때도 엄마와 같이 가는 것을 좋아하지 않는다. 인터넷으로 주문하거나 취향이 같은 친구들과 가려고 한다. 새 옷을 사는 것은 좋지만, 엄마와 같이 가는 것은 싫은 것이다. 더 솔직하게 말하면, '돈 받을 때'를 제외하고는 싫은 것이다.

나에게는 중학교 3학년 딸이 있다. 딸은 하교 후 집에 오면 항상 가방을 방 한구석에 던져놓는다. 가방을 던짐과 동시에 몸을 던져(거의 날아서) 침대에 눕는다. 나는 그런 딸이 공부만 하거나 성적이 월등히 높기를 바라는 것은 아니다. 다만 초등학생도 아니고 중학생인데,

복습과 과제는 스스로 하길 바랄 뿐이다. 그리고 시험 기간만이라도 계획적으로 공부하길 바란다.

'그날 배운 내용을 그날 복습하면 얼마나 좋을까?'

'시험 기간에 모든 과목을 다 훑으려면 공부량이 너무나 많을 텐데….'

'미리미리 공부해두면 덜 힘들 텐데….'

이런 생각을 왜 스스로 못 하는지 답답할 뿐이다. 그래서 딸에게 항상 묻게 된다.

"오늘은 숙제 몇 시쯤 할 계획이니?

"복습은 몇 시쯤 할 생각이야?"

"중3 정도 됐으면, 해야 할 것 먼저 한 다음에 네가 하고 싶은 것 해야지!"

그러면 돌아오는 딸의 대답은 늘 이렇다.

"내가 왜 그래야 하는데?"

"싫어, 나는 하고 싶은 것 먼저 할 거야!"

이런 말끝에 빨리 문 닫고 나가라고 말하는 딸을 보면 욱하는 감정이 치밀어 오른다. 내 나름대로는 '~해라', '왜 안 해?', '도대체 언제 할 거야?' 같은 명령적인 말투와 부정적인 말투를 쓰지 않으려고 노력하며 한 말인데 말이다.

매일 이런 일상을 반복하면서도 '"알겠어, 좀 쉬었다가 할게" 같은 대답을 언젠가는 하겠지' 기대하게 된다. '온종일 교실에서 수업을 듣고 왔으니, 집에 오면 쉬고 싶겠지'라는 마음에 딸아이가 이해되기도 한다. 하지만 '그래도 그렇지. 수업은 혼자만 듣나?', '학교는 혼자만 다니나?' 하는 마음이 나를 힘들게 한다. 욱하는 마음이 쉽게 가라앉지 않는 것이다.

《내 부모와는 다르게 아이를 키우고 싶은 당신에게》의 박윤미 작가는 <잔소리도 관계를 해치는 '선'을 넘지 말아야 한다>라는 글에서 "잔소리가 많다는 것은 그만큼 부모 안에 불안이 많다는 뜻이고, 순전히 자신의 불안을 통제하려는 부모의 욕구 때문입니다. 아이의 현재성을 관찰해서 나오는 대화라 할 수 없습니다"라고 말한다. 그러면서 "아이를 위해 시작된 잔소리지만, 잔소리의 중심에는 지금 부모 눈앞에 있는 아이는 안 보이는 아이러니한 상황이라 할 수 있습니다. 그러니 아이는 부모의 바람과 소망, 부모의 요구만 잔뜩 들어간 잔소리를 듣기가 너무 고통스럽고 싫을 수밖에요"라고 덧붙인다.

또한 이렇게 깨달음을 준다.

"우리가 하는 잔소리는 아이가 아닌 부모 자신을 위해서 하는 말입니다. 아이가 까먹고 하지 않을까 봐 미리 알림을 주는 것이라고 말할 수도 있지만, 엄연히 아이가 아닌 부모 자신을 위한 행동입니다."

중간고사가 있기 4주 전, 딸은 스터디 카페에 한 달간 등록해 시험공부를 하겠다고 했다. 한 달간 등록하면 시간권이나 1일권보다 훨씬 저렴하기 때문이라고 했다. 그러나 나는 딸의 요구를 들어줄 수 없었다. 지난해에도 스터디 카페에 1개월간 등록해줬던 적이 있었다. 그때는 고민 없이 등록하게 해줬다.

가격이 저렴하다는 것보다 딸아이가 시험공부를 하겠다고 결심한 것이 1개월권을 등록해준 이유였다. 스스로 공부하겠다고 스터디 카페를 선택한 딸아이가 기특했기 때문이다. 하지만 등록 후 며칠간이나 카페에서 공부했는지 딸아이 자신도 기억하지 못한다. 그래서 나는 딸아이를 위해 스터디 카페에 1개월씩 등록해주는 어리석은 짓은 다시 하지 않기로 마음먹었다.

"엄마, 나 스터디 카페에 한 달간 등록할 거야. 학교 끝나고 가서 공부할 거니까 체크카드에 스카비(스터디 카페 비용), 간식비랑 저녁 먹을 돈 넣어줘."

"지난번에도 1개월권 끊었는데 며칠이나 갔어? 다시는 1개월권 안 하기로 했잖아."

"작년에는 중2였고, 지금은 중3이야. 이제는 안 그럴 거야. 갈 때마다 끊으면 자리가 매일 바뀌니까 원하는 자리를 정해놓고 앉을 수가 없어. 친구랑 같이 공부하기로 약속했는데, 약속 지키지 말란 거야? 싫어. 빨리 끊어 줘!"

친구와의 약속은 중요하고, 엄마와의 약속은 무시하는 딸의 행태에 또 욱하는 감정이 올라왔다. 싫증을 잘 내는 딸이 며칠 지나지 않아 스터디 카페에 가지 않을 거라는 게 내 생각이었다. 한 번의 부정적인 경험을 갖고 앞으로도 그럴 것이라 단정 지은 것이다. 딸아이에게서 성공 기회를 빼앗는 것일 수도 있을 텐데 말이다.

《결국 당신은 이길 것이다》의 저자 나폴레온 힐(Napoleon Hill)은 <내 운명을 바꿔놓은 카네기를 만나다>라는 글에서 "실패자들 대다수는 스스로가 마음속에 심어 놓은 한계 때문에 실패합니다. 만약 이들에게 한 걸음만 더 나아갈 수 있는 용기가 있었다면 자신의 실수를 발견했을 것입니다"라고 말한다. 그러면서 "부정적인 마음과 자기 의심이 성공을 가로막는 주요 장애물입니다. 이들이 위기를 극복하는데 가장 큰 장벽이 되는 것은, 최근의 경험에 따라 그들 스스로 심어 놓은 두려움과 자기 의심입니다. 우리는 종종 너무 빠른 체념으로 성공을 눈앞에 두고도 내 것으로 만들지 못하기도 합니다"라고 덧붙인다.

지금 생각해보면, 오히려 딸이 초등학생일 때 생활 습관이 좋았다. 중학생이 되고부터는 몸에 익혔던 습관들을 스스로 안 지키려고 하는 것인지, 지키기 싫어서인지 일부러 습관을 벗겨내려는 듯하다.

딸아이가 외출한 후 들어오면 습관적으로 "씻어야지"라고 하는 엄마의 말이 잔소리로 들릴 수도 있으리라. 스스로 하려고 했는데, 막상 씻으라는 말을 들으니 씻기 싫어졌을 수도 있으리라. '주도적인 인간'이고 싶은 사춘기 딸은 엄마의 말에 따르는 행동보다 엄마 말대로 하지 않는 것, 즉 반대로 하는 것이 오히려 '주체적 인간'의 행동이라고 생각하는 것일 수도 있겠다는 생각이 들었다.

언젠가는 시간 약속이 지났는데도 딸아이가 나와 한 약속을 이행하지 않았던 일이 있었다.

"지금 10시가 넘었는데, 10시에 하기로 약속했잖아!"

"엄마가 하라고 하면 다 해야 해? 왜 그래야 하는데?"

"약속 정할 때 이야기하지, 왜 지금 와서 안 한다고 하는 거야?"

"그냥 싫어. 그러니까 안 할래. 정해놓고 하는 거 싫어!"

약속할 때는 불만이 없다가 지금 와서는 싫다고 억지를 부렸다. 너무 황당해서 더는 말이 나오지 않았다. 내세우는 정당한 이유가 없는 딸아이와 나는 서로의 의견을 조율할 수가 없었다. 약속할 때와 지금은 완전히 상황이 달라졌다. 나는 현재 자신의 심리상태에 따라 이전에 했던 약속을 중요하지 않게 여기는 딸을 이해하기 어렵다.

나는 어떤 일이든 미리 계획해서 정해놓고 실행하는 타입이다. 나와 반대로, 딸아이는 즉흥적인 타입이다. 그래서 나와 딸은 이 부분을 서로 이해하기 어려워한다. 어느 한 사람이 이해한다고 해결되는 일이 아니다. 이해보다는 서로의 다름을 인정해야만 하는 일이리라. 하지만 사춘기 딸을 키우는 엄마도 사람 아닌가. 그럴 때마다 욱하지 않을 수 없게 된다. 다만 사춘기 딸과 잘 지내고 싶어 순간순간 올라오는, 욱하는 마음이 겉으로 비집고 나오지 않도록 스스로 노력할 뿐이다.

그동안 사춘기 딸에게 욱했던 마음을 엄마니까 당연하다고 여기지는 않았는가? 딸은 엄마를 닮는다고 하지 않는가? 사춘기 딸이 욱하는 엄마를 닮아 욱하는 어른이 되는 것을 바라는 엄마는 없을 것이다. 욱하지 않고도 사춘기 딸과 잘 지내는 방법은 얼마든지 있을 것이다. 오늘부터라도 욱하는 마음을 멈추려고 노력해보자. 그러면 엄마의 마음도 평화로워질 것이다. 그러면 분명 사춘기 딸에게도 그 마음이 전달될 것이다.

# 오늘도
# 스마트폰 삼매경

<조선일보> 기사에 따르면, 청소년들의 스마트폰 중독 현상이 갈수록 심각해져 40%가 과의존 위험군으로 조사됐다고 2022년 과학기술정보통신부가 발표했다. 스마트폰은 초등학생부터 당연히 가져야 할 필수품이다. 스마트폰 없이는 학교생활에 어려움이 있다. 과제나 알림도 카톡으로 받고, 가정통신문도 앱으로 확인한다. 특히, 코로나 시기에 사회적 거리두기가 실시되면서 등교하지 않고 온라인 수업을 하는 날이 많아졌다. 스마트 기기는 청소년들뿐만 아니라 모든 사람에게 필수품이다. 그로 인해 인터넷, 스마트폰에 노출되는 시간도 현저히 늘었다. 카톡으로 과제 제출, 출석 인증, 그룹 과제 등 대부분의 활동을 스마트폰으로 한다. 스마트폰이 청소년들에게 필수품이 된 결정적 이유다.

나는 딸아이에게 스마트폰을 최대한 늦게 사주려고 했다. 그러나

계획처럼 되지 않았다. 초등학교 5학년 때 같은 반에서 자신만 스마트폰이 없다고 했다. 스마트폰을 사달라고 조르는 딸과 사이가 안 좋아지기 시작했다. 결국 스마트폰 사용 시간을 정하기로 약속하고, 5학년 12월에 스마트폰을 사줬다. 지금에 와서 생각해보건대, 스마트폰을 안 사줘도 싸웠을 것이고, 사줘도 싸울 수밖에 없을 것이다. 그렇다면 안 사주는 게 낫지 않을까 후회된다. 그렇게 후회하면서 겨울방학 때 코로나가 시작됐다.

6학년 새 학기를 비대면으로 시작했다. 스마트폰은 학교를 못 가는 아이들에게 친구들과 소통할 수 있는 유일한 방법이었다. 그렇게 1년을 보내고 초등학교를 졸업하고, 중학교에 입학했다. 딸아이는 비대면 학교생활로 친구 만들기가 상당히 힘들었을 것이다. 반 친구들과 SNS를 통해 서로의 일상을 공유했다. 만날 수는 없지만 서로 소통은 중요했다. 사회적 거리두기로 비대면 일상을 경험한 아이들에게 스마트폰이 어떤 존재인지 말하지 않아도 알 것이다. 문제는 코로나가 끝난 지금도 비대면 수업을 했을 때처럼 스마트폰 사용 습관이 그대로 유지되고 있다는 것이다.

오늘도 어김없이 하교 후 침대에 누워 스마트폰을 본다. 학교에서는 등교 후 바로 선생님께 제출해야 한다. 그러니 집에 오면 SNS 알람이나 카톡, 문자 온 것을 확인해야 한다는 것이다. 데이터가 부족해 밖에서, 와이파이 없는 곳에서는 확인이 어렵다고 불만이다. 그래서 딸아이는 집에 오자마자 바로 스마트폰을 할 수밖에 없다고 한다. 그런데 어느 때부터인지 스마트폰 사용 시간이 제대로 지켜지지 않고 있음을 눈치챘다. 정해놓은 스마트폰 사용 시간을 넘어 훨씬 더 사용하는 것 같았다.

"오늘은 스마트폰 사용기록 좀 보여줄래?"

"중3인데 누가 스크린 타임을 사용해! 다른 애들은 무제한이라 마음대로 쓰는데, 나는 데이터가 적어서 마음대로 쓰지도 못한단 말이야. 그런데 집에서 스크린 타임까지 걸면 어떡하라는 거야? 데이터를 늘려주던가, 스크린 타임을 풀어주던가 둘 중 하나만 하라고!"

"스마트폰 사용기록 먼저 보여줘."

"싫어, 비번 풀었어."

"비번은 어떻게 푼 거야? 언제부터 풀어서 사용했어?"

이제 와서 이런 질문이 무슨 소용 있겠는가. 이제 스크린 타임으로 스마트폰 사용 시간을 제한하는 것은 딸의 양심에 맡겨야 한다. "엄마, 오늘만 스마트폰 스크린 타임 1시간만 늘려줘"라고 순진하게 말하던 때가 그리워질 줄은 꿈에도 몰랐다. '도대체 어떻게 해야 하지?' 욱하고 올라왔다. 한편으로는 '언제 이렇게 컸나' 하는 생각이 들었다. 엄마 말대로 따라주지 않는 딸이 한편으로는 안심이 되는 것은 무엇 때문일까?

나는 어린 시절 엄마가 하라는 것, 하지 말라는 것을 고분고분히 따랐다. 그렇게 하지 않으면 엄마한테 혼났던 기억이 난다. 화내는 엄마가 무섭고 두려웠다. 세상에는 두 가지 부류의 아이들이 있다. 엄마가 무섭게 화내도 자기가 하고 싶은 대로 하는 아이와 엄마가 무서워서 엄마 말대로 하는 아이가 있다. 나는 고분고분히 잘 따랐던 아이였고, 나의 딸은 자기가 하고 싶은 대로 하는 아이다. 나는 성인이 된 지금도 불안한 것이 있다. '내가 이렇게 하면 다른 사람들은 뭐라고 생각할까?' 하고 항상 자신감이 없고 불안감이 높다. 겉으로는 자신감 있어 보이려고 노력해왔다. 그런데 나의 사춘기 딸은 그렇지 않다. 내가 뭐라고 해도 자신이 하고 싶은 게 있으면 한다. 자기가 하고 싶은 것에 대해 거침이 없다. 나는 나와 다른 성향의 사춘기 딸을 대하기가 어렵다. 하지만 솔직히 말해서 다행이라고 생각한다. 나의 딸은 어디에서든, 누구에게든 자기 생각을 말로 표현할 수 있다. 남 눈치 보지 않고 하고 싶은 일을 거침없이 하는 내면의 힘이 있다고 믿기 때문이다.

스크린 타임 비밀번호는 무의미해졌고, 스마트폰 사용 시간을 제한할 수 있는 상황도 이제는 아니다. 그래서 '어떻게 해야 하나?' 고민이 됐다. 스마트폰 사용을 제한할 수 없으면 '스스로 조절할 수 있는 능력을 키우면 되겠다'라는 생각이 들었다.

"숙제나 공부하는 시간에는 스마트폰을 꺼놓거나 거실에 놓자! 그래야 집중할 수 있지."

"스마트폰 있어도 집중할 수 있는데? 영어 단어도 찾아야 해. 수학 문제 안 풀리는 것도 스마트폰으로 찍어 올리면 풀어주는 앱도 있어 꼭 필요해. 거실에 놓으면 엄마가 내 스마트폰 볼 거 아냐?"

너무도 간단하고 확실하게 "싫다"라고 한다. 단 1초의 생각도 없이 대답이 툭 나온다. 그런 딸을 보면 다시 욱하고 올라온다. 영어 단어뿐만 아니라 필요한 정보 모두 스마트폰이면 다 해결되는 시대다. 나는 영어사전으로 영어 단어를 찾았고, 백과사전을 찾아가며 숙제했던 세대다. 현재와는 맞지 않는 방법을 강요할 수는 없다. 딸도 딸 나름대로 이유가 있을 것이다. 나는 내 관점에서 어떻게 하면 스마트폰을 딸과 분리할 수 있을지에만 초점을 두었다. 내가 아닌 타인에 의해 제어되는 것이 제어하고 있다는 착각을 하게 만든다. 내가 스스로 제어할 수 있는 능력이 키워지는 것은 아니다. 딸은 오히려 간섭한다고 느끼고 있었다. 스스로 조절한다는 자기 효능감과 뿌듯함을 못 느낄 것이다. 내가 스스로 해냈다는 느낌을 받을 때 비로소 자기 조절 능력이 향상되는 것이라고 하는데 말이다.

《김종원의 진짜 부모 공부》의 김종원 작가는 〈자신의 생각대로 움직이는 아이〉라는 글에서 "살아가며 기억해야 할 사실 중 하나는, 우리가 다른 누군가의 기대를 충족시키기 위해 이 세상에 태어난 건 아니라는 것입니다. 원하는 일이 아님에도 거절하지 못하고, 상대방에게 질질 끌려다니면 아이의 내면은 점점 나약해집니다. 아이가 자신의 생각을 믿고 자신의 선택을 강하게 외치며 자신을 위해 살 수 있게 도와주세요. 그러기 위해서는 아이가 자신의 생각대로 움직이면서 자신이 원하지 않는 일 앞에서는 멈출 수 있어야 합니다"라고 말한다. 그러면서 "내 안에 깃든 생각은 무엇보다 귀하니, 나는 내 생각이 이끄는 선택을 하겠습니다. 누구도 나를 흔들 수는 없습니다. 나는 나를 위해 태어난 사람입니다. 자기 생각을 탄탄하게 다질 수 있는 말들을 삶에서 마주하는 장면 곳곳에서 반복한다면 아이는 자신이 원하는 모습으로 살 수 있을 것입니다"라고 덧붙인다.

엄마가 엄마 마음대로 사춘기 딸을 제어한다면, 딸은 스스로 할 수 있는 힘을 잃어버릴 것이다. 단순히 스마트폰 사용뿐만이 아니다. 지금은 사춘기 딸아이가 스스로 제어할 힘을 기를 수 있도록 지켜봐주고 기다려줘야 할 때다. 이렇게 옆에서 지켜봐주고 기다려주는 것만으로도 딸아이에게는 큰 힘이 될 것이다. 사춘기 딸을 키운다는 것은 사실 기다리고 지켜보는 것이 다라고 해도 과언이 아닐 것이다. 결코 조급하게 생각하고 행동해서는 안 된다. 내가 지금 엄마로서 자리에 있는 것은 누군가가 나를 기다려줬기 때문이 아닌가? 엄마야말로 사춘기 딸을 지켜보고 기다려주는 가장 중요한 지지자가 되어야 할 것이다. 실패를 거듭하며 스스로 해보는 과정을 지켜보며 기다려주면 사춘기 딸아이는 성장해 있을 것이라 믿는다.

# 내일 할게. 이따가 할게

당신의 사춘기 딸은 미루지 않고 그때그때 잘하고 있는가? 나의 사춘기 딸은 오늘도 어김없이 "내일 하면 안 돼?", "이따가 하면 안 돼?" 하며 미루고 또 미루면서 눈과 손은 스마트폰에 머물러 있다. 대답만 태평스럽게 하며 나의 마음을 욱하게 만든다. '왜 아이는 불안하거나 속상해하지 않을까?' 오늘 해야 할 일을 내일로 미루고, 지금 해야 할 일을 나중으로 미루는 아이가 내 눈에는 마냥 태평해 보인다. 그런 아이를 보면 오히려 내가 불안하고 마음이 급해져서 아이가 할 수 있는 기회를 빼앗을 때도 있다.

한번은 중간고사 기간에 여러 과목의 시험 범위를 모두 공부하려니 공부량이 많아 시간이 부족해 보였다.

"평소에 복습 좀 하라니까 안 하더니 진작에 엄마 말대로 복습 좀 하지, 으이구. 과목도 많고, 시험 범위도 넓어 힘들지?"

"어. 지금 그 이야기하면 뭐 해? 지금 복습할 수도 없고. 시간도 없는데 왜 자꾸 말 시켜!"

그러더니 스터디 카페로 가방을 둘러메고 나가는 것이다. 이렇게 시간에 쫓기는 경험을 하고 나면 '복습 좀 미리 할걸. 중간고사 끝나면 평소에 복습 좀 해서 기말고사 때는 더 잘해야지 하는 생각을 하게 되지 않을까?' 내심 기대했다. 그래서 중간고사 끝난 후 조심스럽게 물어봤다.

"딸, 한꺼번에 여러 과목 요약정리하고, 공부하려니 힘들었지?"

"어, 좀 그랬어."

"그렇게 느꼈어? 그럼 이제부터 복습 좀 해볼까? 기말고사까지는 시간이 남았으니까 그날 배운 과목 10분이라도 복습하는 거 어때? 그럼 시험 기간에 도움이 많이 될 거야. 딸 생각은 어때?"

"그럴까? 그러지 뭐."

웬일로 딸아이는 평소와 다르게 쉽게 동의했다. '왜 이렇게 대답이 쉽게 나오지?' 하는 생각이 들며, 오랜만에 나의 의견에 동의하는 딸이 예전의 다정했던 딸로 돌아온 것 같았다. 하지만 그것은 나의 착각이었다. 시험 끝난 주말은 푹 쉬고, 친구도 만나고 다음 주부터는 하겠거니 생각하고, 나도 딸도 편안한 주말을 보냈다. 월요일이 됐고, 학교 갔다 돌아온 딸아이는 아이스크림을 하나 물고 들어오며 시험 끝난 뒤의 홀가분함과 여유를 한껏 누리고 있었다.

"엄마랑 약속한 거 기억하지? 오늘부터 복습하기로 한 거."

"어. 쉬었다가 저녁 먹고 10시부터 할 거야."

"그래, 알아서 잘할 거라고 믿어."

딸아이는 스마트폰도 하고, 친구랑 통화도 하며, 저녁도 먹고 자유롭게 시간을 보냈다. 그런데 10시가 넘었는데도 복습할 생각을 하지 않고 있었다.

"딸, 지금 몇 시야?"

"10시 20분."

"뭐해야 하는지 까먹은 거야?"

"할 거야, 좀 이따가."

딸아이는 아주 태평한 얼굴로, 아무렇지도 않게 대답하는 것이었다. 이번에야말로 '어떻게 저렇게 아무렇지도 않게 대답할 수가 있지?' 하는 마음에 나도 모르게 욱하고 올라왔다. '천사처럼 대답할 때부터 알아봤어야 했어. 또 속았네'라는 생각이 들었다.

그런데 생각해보면, 나도 월말 실적 마무리를 하고 난 뒤 월초에는 집중력도 떨어지고 월말처럼 몰입해서 일하기가 쉽지 않다. 늦출 수 있을 때까지 최대한 늦춰 데드라인에 쫓겨 해치우는 경우가 더 많다. '어차피 해야 하는 거니까 미루지 말고 하자'라고 다짐해도 매번 지키기 어려운 게 사실이다. 어른인 나도 그런데, 하물며 아이들에게는 더 쉽지 않은 일일 것이다. 그래도 '어차피 해야 하는 거니까 미루지 말고 오늘 자기 전에 교과서 한 번이라도 읽어봐야지'라는 생각을 스스로 하는 것이 먼저다. 행동은 생각이 끌어내는 것이기 때문이다. 일단 생각을 할 수 있게 옆에서 동기부여를 해줘야 한다. 미루는 습관 때문에 얻는 불이익을 경험하는 것도 공부다. 청소년기에 스스로 깨달아야 한다.

딸아이가 친구랑 만나서 맛있는 것도 사 먹고 사진도 찍고 놀기로 약속했다며, 화장도 하고 한껏 멋을 부리고 나갈 준비를 했다. 시험도 끝났으니 맛있는 것 사 먹고 스트레스를 풀려면 용돈이 더 필요하다며 챙겨서 나갔다. 그런데 나간 지 몇 시간이 지나서 딸아이에게서 전화가 왔다.

"엄마, 나 용돈 좀 미리 주면 안 돼? 밥 사 먹고, 카페 가고, 사진 찍고 나니까 돈이 부족해."

"나갈 때 용돈 조금 더 줬는데, 벌써 다 썼어? 용돈을 미리 받으면 다음 주는 어떻게 하려고 그래?"

"다음 주는 약속 안 잡으면 되지. 아니면 그다음 주 용돈 미리 주면 되잖아. 지금 계산해야 하니까 빨리 체크카드에 넣어줘. 엄마, 복습하기로 한 거 집에 가자마자 할게. 스마트폰 거실에 내놓고 잘게. 어? 제발, 빨리!"

딸아이는 너무 애절하게 말했다. 밖에 나가서 우리 딸만 기죽어 다니는 것은 아닌지 하는 마음에 딸의 요구를 들어줬다. 그러다가 또 아무 생각 없이 펑펑 돈을 써대는 딸을 보면 후회하고 만다. 그리고 또 미루고 미루던 것들을 집에 오면 바로 한다니 또 혹시나 하는 생각에 마음이 약해졌다.

"이제 약속 지킬 거지? 오늘 배운 거 복습 좀 해야지."

"어. 숙제 다 했어."

"숙제는 숙제고, 오늘 배운 거 복습해야 하잖아."

"숙제했는데 뭘 또 해?"

숙제만 끝나면 그 외의 공부는 아무것도 하지 않으려고 한다. 숙제는 필수로 해야 하는 과제이고, 스스로 알아서 공부량을 슬슬 늘려가야 하는데 전혀 그럴 생각이 없어 보여 답답했다. 학교 끝나면 학원 가서 또 수업을 들어야 하고, 학교 숙제에 학원 숙제까지 하느라 숙제만으로도 힘든 것은 이해한다. 하지만 다른 친구들도 다 하는 숙제를 끝낸 게 뭐가 그리 큰일 한 거라고 당당한지 여전히 이해가 가지 않는다. 요즘 영어, 수학은 기본이고, 주말에 국어, 과학까지 학원 다니는 친구들이 대부분이다. 그래서 영어, 수학만 다니는 딸아이가 이제는 국어, 과학도 시작해야 하는 것 아닌가 불안하다. 그런데도 딸은 숙제를 다 했는데, 여기다 또 공부를 더 하라고 한다고 불만이다. '숙제 다 했다고 놀 생각만 하고 있구나. 숙제 양이 너무 적은 거 아닌가? 다른 친구들도 다 하는 숙제인데, 그것도 다른 친구들과 비교하면 얼마 안 되는 숙제일 텐데' 숙제 없으면 아예 공부를 안 하게 될 것 같은 불안함과 온갖 생각들이 머릿속에서 떠나지 않았다.

"숙제하느라 고생했네. 오! 그래도 알아서 숙제도 다 하고, 역시 내 딸! 맛있는 거 뭐 해줄까?"

머릿속에 맴도는 말들을 삼키고 딸이 숙제라도 스스로 했다는 것을 인정하며 칭찬해줬다. 아무리 적은 양의 숙제라도 미루지 않고 아이 스스로 해낸 것을 인정해주는 것이 먼저라고 생각했다. 스스로 끝낸 숙제에 만족하며 휴식 시간을 즐기는 사춘기 딸의 시간을 인정하고 존중해야 한다. 사춘기 아이 중에 '이제 공부량을 좀 늘려 볼까?' 하고 생각하는 아이가 있을까? 스스로 그런 생각을 하게 되기까지는 많은 연습과 시간이 필요할 것이다. 그리고 아이마다 그 속도가 다를 것이다. 그것을 인정하고 받아들여야 한다. 그래야 아이를 다그치지 않게 된다. 엄마는 사춘기 딸이 '내가 이제 무엇을 해야 할까?' 하고 그다음 단계를 생각해볼 수 있는 기회를 주는 것만으로도 충분하다고 생각한다.

"오늘의 하루는 내일 두 배의 가치가 있다. 오늘 할 수 있는 일을 내일로 미루지 마라."

이는 미국 건국의 아버지이자 미국 100달러의 모델인 벤자민 프랭클린(Benjamin Franklin)의 명언이다.

오늘 무엇을 할지 정해놓고 반드시 이루는 사람이 있는 반면, 내일 해도 되는 거니까 하고 미루는 사람도 분명히 존재한다. 하지만 어차피 할 일이라면, 어차피 해야 할 일이라면 나중이 아니라 시간이 되는 지금 당장 하는 게 맞다. 어차피 할 일이니까! 오늘을 사는 우리에게 내일보다 오늘의 가치가 훨씬 높다. 그런 가치 있는 오늘을 보내면 자연스럽게 미래도 변할 것이다.

# 엄마는 상관하지 마!

사춘기 딸의 친구가 궁금하지 않은 엄마가 있을까? 딸아이가 입학한 중학교에는 같은 초등학교 졸업생 친구가 하나도 없었다. 유일하게 딸아이만 그 중학교에 배정이 됐기 때문이다. 그래서 중학교에 입학하고 처음 1주일 동안 친구가 없어 힘들다고 울기도 했다. 그런 딸이었기에 더더욱 친구가 궁금할 수밖에 없었다. 다행히 비대면 수업인데도 불구하고, 새로운 반 친구들과 빠르게 친해졌다. 친구가 집에 온다거나 친구를 만나러 간다고 하면 이름이 무엇인지, 어디 사는지, 전화번호가 어떻게 되는지 물어보게 됐다. 다는 아니더라도 친한 친구 몇 명에 대해서는 엄마라면 알아야 하지 않을까? 무슨 일이 발생하거나 딸아이에게 연락이 되지 않을 때 전화해서 물어볼 수 있는 친한 친구 몇 명은 말이다.

주말에 딸아이가 친구들과 놀이공원에 놀러 가기로 약속했다고 했다. 친구 3명과 함께 오픈 시간에 맞춰 가서 놀다가 야간 개장까지 보고 온다고 했다. 친구들끼리 버스를 타고 놀러 가는 게 처음이라 내심 걱정이 됐다. 하지만 그것도 경험이라고 생각해서 재미있게 놀다 오라고 했다. 만약을 대비해서 함께 가는 친구들 이름과 전화번호를 알려주고 가는 게 좋겠다고 말했다.

"내 친구들 이름을 꼭 알아야 해? 엄마가 친구들 전화번호 알아서 뭐 해? 이름 말하면 알아?"

"전화 연락 안 되면 친구한테라도 전화해봐야지, 걱정되니까."

"싫어. 나도 친구 엄마가 전화하면 싫을 거 같은데?"

"진짜 전화하려는 게 아니라, 혹시라도 딸이 연락 안 될 때 생각해서 알려는 거야."

친구들에 대해 너무 자세히 알려고 한다고 상관하지 말라고 한다. 기억도 못 할 거면서 자꾸 물어본다고 투덜거린다. '부모님은 뭐 하시는 분이야? 언니는? 오빠는? 동생은 있나?' 하고 궁금한 게 많은데도 물어볼 수가 없었다. 자꾸 물어본다고 투덜거리는 딸아이에게 그 이상 물어봤자 '몰라. 내가 그걸 어떻게 알아! 내가 그걸 알아야 해? 난 안 궁금해'라며 너무 지나치게 물어본다고 할 게 뻔하기 때문이다. '궁금한데 어떻게 안 물어봐? 내 딸 친구들인데 엄마가 좀 알고 있어야지. 까먹으면 다시 물어볼 수도 있는 거지' 하며 나의 마음을 또 욱하게 만든다. 평소에 친구들에게 연락한다는 게 아니고 정말 급박한 상황, 즉 친구랑 같이 놀러 간 딸의 핸드폰이 꺼져 연락이 안 되면 같이 간 친구한테 말고는 물어볼 데가 없으니까 비상시를 대비해서 그런 것인데 왜 딸아이는 이해하지 못하는 것일까?'

"딸! 엄마가 나가서 연락도 안 되고, 스마트폰도 꺼져 있으면 딸은 엄마 걱정 안 될 거 같아?"

"걱정되지. 그건 그렇지만, 그래도 엄마가 내 친구한테 전화하는 것은 싫어."

"알았어. 전화 안 할 테니까. 엄마한테 연락을 잘해줘."

나는 딸아이의 안전을 위해, 혹시 모를 상황을 위해서 친한 친구 몇 명의 이름과 전화번호 정도만 필요한 것이었다. 모든 친구의 전화번호가 다 필요한 것이 아니었다. 툴툴거리며 딸은 친구들의 전화번호와 이름을 적어놓고는 절대 전화하지 말라고 신신당부했다. 딸의 친구에게 친구 엄마가 전화할 상황이 그리 흔한 일은 아니다. 정말 긴급한 상황만 아니라면 전화할 일이 무엇이 있겠는가.

어느 날 학원 선생님으로부터 전화가 왔다. 요즘 딸아이의 친구들을 잘 살펴보면 좋겠다는 이야기였다. 학원 선생님이 딸의 친구를 어떻게 알고, 무슨 근거로 그런 이야기를 할까 의아했다. 학원 들어가는 입구에서 몇 명의 남학생, 여학생 무리가 학원에 들어가려는 딸아이의 가방을 빼앗으며 못 들어가게 하는 모습을 봤다고 하셨다. 친구인지 아닌지 확실하지는 않지만, 딸이 웃으면서 받아들이는 것으로 봐서는 친구들인 것 같다고 하셨다. 그런데 그런 친구들의 모습이 선생님 눈에는 불량스러워 보였다고 말이다. 어찌나 가슴이 떨리던지 학원 선생님의 말씀이지만, 확인되지 않은 말 한마디에 내 가슴속에는 딸에 대한 의심의 싹이 피어났다.

'요즘 딸아이가 멋 좀 부리던 거 같은데.'
'화장이 좀 진해진 거 같은데.'
'착하고 모범적인 친구들이랑 놀지. 하필….'
'애들이 딸을 꼬드긴 건가? 아니면 딸이 애들을 꼬드긴 건가?'
'직접 물어볼 수도 없고, 어떻게 확인해야 하지?'

내 머릿속에서는 '내 딸이 불량한 친구들과 어울렸다. 그럼 내 딸도 불량 청소년인가?'라는 확인되지 않은 이야기를 사실로 확인이라도 된 듯 별 상상을 다 하고 있었다.

아무리 엄마라도 딸의 친구 문제에 관여해 이 친구는 만나고, 저 친구는 만나지 말라고 강요할 수는 없다. 하지만 한 사람의 인생 속에서 친구의 존재는 큰 영향을 주기 때문에 방관만 할 수는 없다. 특히 친구의 영향을 많이 받는 아이일수록 더더욱 그럴 것이다. 엄마가 아이의 친구 관계에 개입한다는 느낌을 받는다면, 사춘기 딸아이의 반발심은 엄청날 것이다. 그런 친구와 노는 것이 단순히 재미있고, 단순한 호기심에 어울리게 될 수도 있을 것이다. 하지만 살면서 친구라는 존재가 단순히 재미를 위한 존재가 아니란 것을 알게 해줘야 한다. 어떤 친구를 만들지, 나는 어떤 친구가 되어줄지, 어떤 영향력 있는 친구가 좋은지를 깨달을 수 있을 때까지 알려줘야 할 것이다.

딸아이는 중학생이 되고 나서는 가정통신문을 나에게 보여준 적 없다. 그래서 '학교 알리미'라는 앱에 올라오는 가정통신문을 확인해 알림 사항을 확인한다. 어느 날 알림에 뜬 가정통신문을 보니까 학부모 공개 수업을 하니 참석 여부를 회신해달라고 했다. 초등학교 내내 학부모 공개 수업을 빠진 적 없이 참석했고, 딸아이도 내가 오기를 기대했다. 그런데 중학생이 되고 나니 아예 공개 수업이 있는 것조차 알려주지 않는 것이다. 학부모 공개 수업 후, 학무모 개별 면담도 있어서 새로운 담임 선생님을 만나뵐 수 있는 기회인데 말이다.

"딸, 학부모 공개 수업해?"

"어, 참석하려고? 오지 마!"

"왜? 수업하는 것도 궁금하고, 새로운 담임 선생님도 궁금한데."

"중학생인데 누가 공개 수업에 와. 엄마밖에 없어. 온다는 사람. 내 친구 엄마들 아무도 안 온대."

"설마."

"진짜라니까, 엄마 오면 나 수업에 집중 안 돼. 그래도 괜찮아?"

"알았어…."

수업에 집중이 안 된다는 말에 또 마음이 약해져서 학부모 공개 수업 참여는 포기했다. 아이 마음을 불안하게 만들면서까지 공개 수업을 보고 싶은 것은 아니다. 딸아이의 학교생활 및 교우관계가 어떤지 알고 싶은 것이다. 그래서 공개 수업은 참여하지 않고, 담임 선생님과의 개별 면담만 신청했다. 궁금했던 딸아이의 학교생활, 걱정됐던 교우관계에 대해 여쭤보고 마음이 한결 가벼워졌다. 집에서 하는 생활 습관들, 공부 습관들, 말투들이 학교에서는 어떨지 궁금했기 때문이다. 선생님께서는 "딸아이가 수업 시간에 집중도 잘하고, 딴짓도 하지 않고 잘 집중한다. 친구들이 딸아이를 참 좋아하고, 딸아이도 친구들과 관계를 잘하는 것 같다"라는 이야기를 해주셨다. 친구들 사이에서 문제가 있어도 중간에서 잘 풀어주는 역할을 한다고 칭찬도 해주셨다. 그동안 집에서만 보이는 행동들이 내 눈에는 답답하기만 했는데, 때와 장소에 따라 해도 되는 것과 하지 말아야 할 것을 구별할 줄 아는 것은 사회성이 발달해서 그런 거라고 하셨다. 하긴 집에서 하는 행동을 학교 교실에서도 한다면 학교생활이 되겠는가? 나도 휴일이면 집에서 뒹굴뒹굴하기도 하고, 혼자 있을 때는 둘이 있을 때 하지 못할 행동도 아무렇지도 않게 하지 않는가? 아이도 집이 편하고, 엄마가 편하기 때문에 그런 행동들을 할 수 있는 것으로 생각하게 됐다. 면담을 마치고 집에 돌아와 아이를 한번 안아봤다.

"뭐야? 엄마, 왜 그래?"

"오늘 선생님 면담했는데 우리 딸 칭찬하시더라."

"엄마는 내가 학교에서도 집에서처럼 할 거라고 생각한 거야?"

"아니, 그게 아니고, 어떤 친구들과 어울리는지, 잘 지내는지 궁금했거든. 참 학원 갈 때 친구들하고 같이 가? 학원 선생님이 학원 앞에서 친구들이 못 들어가게 하는 것 같다고 하시길래."

"친구들하고 놀다가 학원 갈 시간 되니까 친구들이 학원에 데려다 준 거야."

"친구 누구?"

"친구 누구라고 이야기하면 알아? 친구 누구냐고 왜 자꾸 물어보는 거야?"

나도 모르게 또 "친구 누구?"라는 말이 튀어나왔다. 나라도 이 말을 계속 들으면 짜증이 날 만도 하겠다는 생각이 들었다.

《화내는 엄마, 눈치 보는 아이》의 장성오 작가는 <아이의 속마음을 들여다볼 줄 아는 지혜>라는 글에서 "이 세상의 모든 엄마는 누구나 자기 자녀가 성공적이고 행복한 삶을 살기를 원하고 바란다. 그런 삶을 살기 위해서는 여러 가지 기본적인 덕목들을 갖춰야 한다. 기본 생활 습관, 자신감, 좋은 성품 및 인성 등이다. 무엇 하나 중요하지 않은 것이 없다. 하지만 그중에서도 진정 아이들의 마음을 이해하고 욕구를 파악하고 배려해주는 것이 중요하다"라고 말한다. 그러면서 "아이의 마음을 들여다본다는 것은 어떻게 하는 것인가? 그것은 배려하고 기다리는 것이 아닐까? 아이 입장에서 들어주고 배려하는 엄마, 아이의 마음의 소리를 들을 줄 알고, 아이가 말하지 못한 마음의 소리를 들어주는 현명함을 가진 엄마가 되도록 노력하자"라고 덧붙인다.

나의 궁금함과 불안함을 해소하기 위해 딸아이의 마음을 들여다

보지 않고 배려해주지 않는다면, 나의 궁금증과 불안감은 해소될 것이다. 하지만 딸아이와의 관계는 더 불안한 관계가 되지 않을까? 엄마의 궁금증을 해소하는 것보다 더 우선시해야 할 것은 아이와 안정된 관계, 친밀한 관계일 것이다. 엄마가 자녀에게 관심을 보이고, 신경 써주는 것을 아이가 불편하게 느끼는 순간, 더 이상 엄마의 관심이 관심이 아니게 된다. 그것은 간섭에 불과할 것이기 때문이다.

# 내가
# 알아서 할게

딸과 당신의 MBTI를 아는가? 최근에는 상대가 어떤 성향인지, 나랑 맞는 성향인지 아닌지를 먼저 파악하기 위해 MBTI를 묻곤 한다. 딸아이도 MBTI 테스트를 하루에도 몇 번씩 한다. 본인이 원하는 결과가 나오기를 바라며 테스트를 하는 것이다. 그러나 결과는 달라지지 않는다. 사춘기 딸아이의 MBTI는 ENTP, 나는 ISFJ이다. 에너지 방향(E vs I), 인식 방법(N vs S), 판단 기준(T vs F), 생활 양식(P vs J) 모든 면에서 우리는 완전 반대다. 그래서 우스갯소리로 우리는 '짱구와 짱구 엄마 관계'라고 말한다. 사춘기 딸이 짱구와 MBTI가 같을 줄이야. 또 MBTI가 이렇게 정확히 맞을 줄이야. MBTI가 반대면 이렇게 힘든 것인가? 나와 딸아이는 서로의 MBTI를 알게 된 순간, 서로가 서로에게 왜 힘든지 무언의 눈짓을 주고받았다.

나는 아이가 중간고사 기간을 앞둔 4주 전, 플래너를 짜서 평일 계획과 주말 계획을 나눠서 계획적으로 공부하면 좋겠다고 생각했다. 그게 어렵다면 2주 전부터는 해야 하지 않을까 하는 게 내 생각이다. 평소에 복습을 해왔더라면 이렇게까지 하길 바라지는 않을 텐데 말이다. 내가 말하면 무조건 싫다고 할 게 뻔한 딸이다. 그래서 입시에 성공한 대학생 언니, 오빠들이 중고등학생 때 플래너를 짜서 공부한 방법, 내신 대비 공부법 등을 검색해서 몇 가지를 프린트했다.

"딸, 시험 대비하려면 지금부터는 플래너를 짜야 하지 않을까? 플래너를 짜려면 이런 것도 참고해봐."

"벌써? 그리고 시험 범위도 다 안 나왔는데 계획을 어떻게 짜라는 거야? 계획을 짜도 내가 짤 건데, 알아서 할 거라고. 아, 짜증 나. 나는 계획하면 더 하기 싫어. 나 P인 거 몰라?"

딸아이의 표정이 일그러지기 시작했다.

"너도 많이 찾아보고 고민해봤겠지만, 방법이야 많으니까 이런 것도 한번 보라고. 다른 사람 계획한 것도 참고해서. 당장 플래너를 짜라는 게 아니라."

"언제는 또 알아서 하라며? 갑자기 플래너 짜서 하라 그러고, 안

하면 안 한다고 뭐라 그러고."

"참고하라고 말해주는 거야. 플래너는 알아서 짜고."

아이와 입씨름하고 나서 나는 다시 멍해졌다.

'도대체 한번 보라는데 뭐가 어렵다는 거지?'
'사람마다 자신에게 맞는 방법이 다 다를 것이고, 맞는 방법을 찾아가려면 다양하게 시도해봐야 하고, 다른 사람들이 해본 것 중에 효과적이었던 것, 각각의 장단점을 취하면 나에게 최적화된 방법을 찾을 수도 있을 텐데….'
'너보다 엄마가 더 짜증 나!'
'하기 싫으면서 귀찮아서 대답만 알아서 할 거라고 그러는 것 아닌가?'
'정말 잘하고 싶은 마음이 있긴 한 것인가?'
'스스로 알아서 하고 싶은 마음이 있는 것인가?'

딸의 머릿속을 한번 들여다보고 싶은 마음이 굴뚝 같다. 당장 플래너를 짜라는 것도 아니고, 플래너 짤 때 참고하라는 것인데 MBTI가 'P(Perceiving, 인식형)'라서 'J(Judging, 판단형)'인 엄마랑 다르다며 계획을 거부하는 딸을 보며 욱하고 올라왔다.

스터디 카페 1개월권을 끊어놓고 이틀이나 갔을까? 스터디 카페에 가야 하니 돈 달라고 말하기가 미안했는지 집에서 공부하겠다고 했다. 어디서든 본인이 집중할 수 있으면 문제 될 게 없다고 생각했다. 하지만 오랜만에 자기 책상에서 책을 보려면 책상 위 잡동사니들이 걸리적거리게 느껴질 만도 한데, 딸아이는 아무렇지도 않은 듯 가방에서 책을 꺼내어 그 잡동사니들 위에 올려놨다. 당연히 책상 위에서 떨어지는 것들도 있었다.

'보기만 해도 떨어질까 봐 불안한데 그 위에 또 올려놓다니!'
'저게 다 뭐야. 쓰레기야?'

가방 속에도 정리되지 않은 프린트물과 학습지, 학원 교재가 들어 있었다.
'프린트물하고 학습지 좀 파일에 정리 좀 하지. 다 찢어졌네.'
'공부한다면서 저 책상에서 할 수 있을까?'
'내 딸이지만 참 대책 없다.'

딸아이는 잡동사니들이 떨어지거나 말거나 가방 속에 있는 모든 것을 꺼내놓고는 스마트폰을 보기 시작했다. 그 모습을 보는 순간, 마음속에서 부글부글 끓어오르던 화가 올라와 터져버렸다.

"야! 공부를 하겠다는 거야. 말겠다는 거야!"

"책상 꼬라지는 뭐고, 책가방 속은 또 뭐야?"
"책상에서 이거 다 떨어지는데 주울 생각도 안 하고, 치울 생각도 안 하고."
"책상이 이 상태인데 그걸 또 거기다 올려놓을 생각이 드니?"

나도 모르게 그냥 막 쏟아져 나왔다. 그래도 딸아이는 아랑곳하지 않고 대답했다.

"지금 막 치우려고 했는데 왜 그래?"

"가방 속에서 책이랑 꺼내야 공부할 거 아니야."

"치우고 공부할 거라고, 누가 이렇게 놓고 공부한대? 알아서 할 건데, 엄마가 치우라고 먼저 말한 거야. 엄마가 먼저 말하니까 하기 싫잖아."

'어째서 매번 하려고 하는 순간, 그때마다 하필 엄마가 먼저 말하는 걸까?'
'조금 더 기다렸어야 했을까?'
'내가 너무 조급하게 말했나?'

맞다. 나도 하려고 하는 순간, 누군가 하라고 그러면 할 마음이 사라지는 것은 사실이다. 마음 한편으로는 "지금 막 치우려고 했다"라는 딸아이의 말을 그대로 믿어야 했나 하는 생각도 들었다. 이 상황에서 의심이 시작되고, 아이 마음을 사실이 아닌 나의 추측으로 믿지 못한다면 그 실마리는 더욱 꼬여갈 것이다. 그렇게 엄마의 말이 개입되면서 딸은 스스로 하려고 했던 자유 의지가 꺾이게 된다. 그렇다면 공부한다고 해도 스스로 알아서 했다는 자부심을 못 느낄 것이다.

《사춘기 대화법 : 아이가 사춘기가 되면 하지 말아야 할 말 해야 할 말》의 강금주 작가는 '아이 말을 믿지 못하고 의심부터 한다'라는 것에 대해서 "아이를 믿지 못하면 아이가 어떤 실수를 했을 때 그것을 당연하게 여겨, 아이의 자존감을 깎아내리는 말을 내뱉게 된다. 아이를 믿거나 안 믿는 마음은 눈에 보이지 않지만, 그 마음은 아이에게 반응하는 말을 통해서 형체를 드러낸다. 믿지 못하면 어떤 상황에서도 의심하는 말, 비꼬는 말, 부정적인 말을 하게 된다"라고 이야기한다.

그렇다. 엄마인 나도 듣고 싶지 않은 말들, 즉 의심하는 말, 비꼬는 말, 부정적인 말을 딸에게 하고 싶지 않다. 엄마는 왜 아이가 알아서 하지 않을 거라고 의심부터 하는 것일까? 나를 의심하는 사람은 거부하게 되고, 피하고 싶어지는 게 당연할 것이다. 아이가 엄마를 거부하고 피하는 상황을 만들지 않기 위해서라도 아이의 말을 믿는 것부터 시작해야 한다. 만약 딸아이가 "내가 알아서 할게"라고 말하면, 엄마는 기뻐해야 하지 않을까? 아이가 알아서 다 하면 엄마의 짐을 덜어주는 것이니 말이다.

# 더러우면 엄마가 치우면 되잖아

엄마들은 사춘기 아이들이 스스로 알아서 척척 하기를 바란다. 하지만, 사춘기 아이 중 스스로 알아서 하는 아이들이 있을까? 있다면 얼마나 될까? 주위에 이야기를 들어봐도 아이 스스로 방을 정리하고, 옷을 잘 벗어 빨래 통에 넣으며, 학교 과제와 학원 숙제를 밀리지 않고 꼼꼼하게 하고, 스마트폰 사용 시간도 적당히 하며, 엄마 전화도 잘 받고, 문자도 잘해주는 등 엄마의 바람대로 스스로 하는 아이가 있다는 이야기를 들어본 적 없다.

어느 날 딸아이 방문을 열고 방에 들어가려는데, 나는 발을 들여놓을 수가 없었다. 며칠을 방치한 것인지 옷들이랑 양말들이 방바닥에 널려 있었다. 입었던 옷인지, 입으려고 하는 옷인지 모를 옷들이 뒤엉켜서 발 디딜 틈도 없었다. 방 안을 본 순간 마음을 다스릴 겨를도 없이 갑자기 욱하고 올라오고 말았다.

"이게 다 뭐야! 빨래 통이 옆에 있는데도 그걸 못 넣어? 빨래 통에 있는 것만 빨래할 거니까 빨리 집어넣어."

"그렇게 더러우면 들어오지 마! 안 보면 되잖아!"

"뭐라고? 그게 말이야? 이렇게 지저분한데 어떻게 안 봐!"

"내 방이니까 내가 치우고 싶을 때 치운다는데 왜 자꾸 그래? 보지 말던가, 그렇게 더러우면 더럽다고 생각하는 엄마가 치우면 되잖아!"

"너는 방이 지저분하다는 생각이 안 들어?"

"어, 지저분하다는 생각이 들면 치우겠지. 그러니까 그때까지 놔둬."

아이와 한바탕하니 마음이 씁쓸했다.

'내 눈에만 지저분한가?'
'정말 딸아이 눈에는 안 지저분한가?'
'더러우면서 엄마 말에 동의하기 싫어서 억지 부리는 것인가?'
'도대체 언제까지 뒤치다꺼리해야 하는 거지?'

'중학생 정도 됐으면 알아서 좀 하지. 갈수록 더 힘들게 하네.'
'설마 고등학교에 가서도 이러면 어쩌지?'
'중학교 3년도 버티느라 힘들어 죽겠는데….'

이런 생각들이 뇌리를 스치며 마음이 슬퍼졌다. 나도 이제 더 나이 들기 전에 인생을 좀 즐기고 싶은데, 늦게 낳은 딸 때문에 몇 년을 더 버텨야 한다고 생각하니 억울했다. 안 치워주고 놔두면 알아서 하겠거니, 자기도 지저분하다고 느끼겠거니 믿고 기다려봐도 치울 기색이 없다. 그러면서도 뭐가 그렇게 당당한 것인지 모르겠다.

완벽하지는 않더라도 알아서 하는 아이들이 분명히 있을 텐데. 내가 딸을 잘못 키워서 그런가? 어디서부터 잘못된 것인지 다시 어린 시절로 되돌아가고 싶을 때가 한두 번이 아니다. 이런 상황이 되면 욱하는 마음을 다스리기가 힘들다. 딸아이에 맞서 소리치고 화내며 유치한 말들을 막 뱉고 나면 뒤돌아 창피함이 밀려온다.

한번은 딸아이의 책상이 너무 어지럽혀 있어서 자연스럽게 책도 꽂아놓고, 문구용품도 정리하고, 프린트물도 파일에 분류해놓고, 쓰레기로 보이는 것들도 휴지통에 버렸다. 정리가 안 되어 있으면 필요한 것을 찾을 때 어쩌려고 이렇게 방치하는 것인지 이해가 가지 않았다. 내 머릿속, 내 책상을 다 어질러놓은 것 같았다. 이렇게 한번 정리해놓고 꺼내 쓰고 난 다음 다시 제자리에 넣으면 정리할 시간을 따로 만들지 않아서 좋을 텐데 말이다. 딸아이는 책을 보거나, 문제집을 풀거나 하면 그대로 책상에 쌓아놓는다. 그 책들 사이에 뭐가 껴들어가도 모른다. 이렇게 해놓고 "볼펜이 없어졌다. 샤프 연필이 없어졌다. 숙제 프린트가 없어졌다. 지우개가 없어졌다. 없어졌으니 사야 한다"라며 돈 달라기 일쑤다. 이런 상황이 되풀이되고 나서 복잡해진 책상을 보면, 이성적인 생각이고 뭐고 감정적으로 그냥 입에서 아무 말이나 쏟아져 나오고 만다.

"도대체 왜 안 치우는 거야? 저렇게 정리가 안 되니 맨날 없어졌다고 다시 사야 한다고 하지. 저렇게 지저분한 책상에서 공부가 하고 싶겠어? 그러니 맨날 침대랑 붙어서 책상에 앉을 생각을 안 하지? 책상이 왜 필요한 거야?"

욱하는 마음에 한바탕 퍼부었다.

"왜 엄마 마음대로 치워놓고 뭐라 그래? 내가 엄마 책상 어지럽힌 것도 아니고, 거실을 어지럽힌 것도 아니고, 내 책상인데. 그리고 엄마 마음대로 정리해놓으면 뭐가 어디 있는 줄 알고 내가 찾아?"

딸도 뒤지지 않고 맞대응한다. 정말 당당하게.

《사춘기, 기적을 부르는 대화법》의 박미자 작가는 '무조건적인 저항을 하는 사춘기 청소년'에 대해서 "사춘기 청소년은 '지금 당장 내가 시키는 대로 하라'는 식의 말과 태도를 무척 싫어합니다. 이 시기의 아이들은 부모와 선생님 등 누군가가 자신을 어딘가로 일방적으로 끌고 가려고 하면 할수록 저항을 하는 경향이 있습니다. 그 방향이 옳다는 점을 인식하고 있다고 해도 명령형 언어에는 거의 무조건적인 저항을 하는 것이 사춘기 청소년의 특징입니다. 당장 눈앞에 어지럽혀진 방이 보이는데도 그렇습니다"라고 말한다. 그러면서 "사춘기가 시작된 아이는 부모와 선생님 등 누군가가 자신의 일상생활에서 주인이 되어 어딘가로 끌고 가려고 할 때마다 저항하고, 짜증과 무력감을 느낀다고 보시면 됩니다. 따라서 당장 눈에 거슬리더라도 시간을 갖고 합의하고 기다려 주면서 다시 독려하는 의문형 대화법이 효과적입니다. 의문형 대화법은 비난하거나 잘못을 확인하고 떠보는 방식이 아니라 마음을 나누며 대화를 이어 나가는 방식으로 사용하는 것이 중요합니다"라고 덧붙인다.

사춘기 딸이 독립해서 살기에는 아직 당연히 부족하지만, 주인으로 살고 싶은 의욕만큼은 정말 특별한 것 같다. 나는 방을 정리하고, 안 하고의 문제로만 생각했다. 하지만 사춘기 딸은 방을 정리하고 안 하고의 문제가 아니라, 자기 방의 주인으로 살고 싶다는 것이었다. 더 나아가 자기 삶의 주인으로 살고 싶다는 의지였을 것이다. 그런데 엄마가 들어와 지저분하다는 이유로 마음대로 치우고, 엄마가 원하는 상태로 만들어 놓는다면 엄마는 만족할 수 있지만, 방 주인인 딸아이는 불쾌할 것이다. 이제는 사춘기 딸아이의 지저분한 방을 보며 지저분하다고만 여기지 않을 것이다. 자신의 의지대로, 자기 삶의 주인으로 살고 싶어 하는 딸아이의 마음을 인정할 것이다.

# 밥보다
# 화장이 더 중요해

청소년들 사이에 화장 문화가 빠르게 확산하고 있다. 한 조사에 따르면 국내 초·중·고생 10명 중 6명은 화장을 한다고 한다. 메이크업 제품을 처음 접한 시기는 초등학생 때(52%), 중학생 때(42.5%)와 고등학생 때(5.5%)였다고 한다. 초등학생 중 주 1~2회 메이크업한다는 학생이 48%, 중고등학생의 경우 매일 한다는 학생이 각각 39.8%, 41.3%였다.

<연합뉴스>에 따르면, 청소년들이 화장에 빠지는 이유는 '외모가 경쟁력'이라는 생각이 가속화됐기 때문으로 분석된다. 화장이 자신의 정체성을 나타내면서 경쟁력을 높이는 수단이자 또래문화라는 것이다.

나의 사춘기 딸도 예외는 아니다. 중학교 1학년이 끝나갈 때쯤 딸은 2학년이 되면 자신도 화장하겠다고 선언하고 나섰다. 그러면서

엄마는 자신이 화장하겠다고 하면 어느 정도까지 허락해줄 수 있는지 물었다. 나는 너무나 당황스러웠다. 청소년 화장에 대해 부정적인 마음이 강했기 때문이다. 그런 데다 딸은 화장해도 되는지를 묻는 것이 아니라, 화장의 허용 범위를 묻고 있었기 때문이었다.

"엄마, 나 2학년 되면 화장하고 다닐 거야."

"왜? 무슨 화장을 하고 다녀. 중학생이?"

"2학년 선배들 보니까 다 하고 다녀."

"엄마는 허락한 적 없는데? 네 마음대로 하고 다녀? 학교에서는 화장하고 다녀도 된대?"

"다 하고 다니던데? 진하지만 않으면 될 것 같은데?"

"그걸 왜 네가 정해? 학교에는 학교의 규칙이 있을 텐데."

"2학년들 화장하고 다녀도 선생님들이 아무 말도 안 하던데?"

엄마가 화장을 허락해주지 않으면 청소년들은 저렴한 화장품을 몰래 산다고 한다. 청소년들은 화장품을 가지고 나와 밖에서 화장한 후 집에 들어갈 때는 화장을 지운다고도 한다. 이런 인과관계로 인해 피부 트러블이 발생하고, 피부과에서 치료받는 청소년들이 많다고 한다. 그래서 엄마가 어쩔 수 없이 화장품을 사주게 된단다. 피부에 해롭지 않은 화장품으로 말이다.

보통 엄마들은 딸이 자기 몰래 화장하리라고는 상상도 못 한다고 한다. 엄마 허락 없이는 화장하지 않으리라 착각하는 것이다. 하지만 엄마의 반대가 청소년들의 화장 욕구를 잠재울 수는 없다. 반대로, 억제하면 억제할수록 화장하고 싶은 욕망만 커질 뿐이다.

"학교 가는 날은 안 하고, 놀러 갈 때만 할게."

"음…, 엄마는 생각할 시간이 필요해."

"학교 갈 때는 안 한다는데 뭘 생각해?"

"아직 엄마는 허락하지 않았어. 그건 네 마음대로 결정한 거잖아."

"무슨 허락이야? 친구들은 잘만 하고 다니는데. 다른 엄마들은 다 괜찮다는데 엄마만 왜 그래?"

그렇게 결론도 못 내고 시간이 지났고, 딸은 본인의 생각대로 화장을 시작했다.

"학교 가는데 왜 화장해? 학교 갈 때는 안 한다고 했잖아?"

"화장한 거 하나도 표시 안 나. 봐봐. 선생님이 티 안 나게 하고 다니는 것은 괜찮다고 했어."

"네가 학교 갈 때는 안 한다고 이야기한 것은 안 지켜도 되니?"

엄마의 동의도 없이 화장을 시작한 딸은 용돈이 생길 때마다 올리브영으로 달려갔다. 그러고는 색조 화장품과 화장 도구들을 사 모으기 시작했다. 친구들과 화장품에 대한 정보를 나누며 화장품에 빠져들었다. 엄마의 허락이나 동의 따위는 아랑곳하지 않았다. 그렇게 내가 딸의 화장 문제를 두고 고민하고 있을 때, 나처럼 딸의 사춘기를 겪었던 지인이 말해줬다.

"차라리 지금 하고 싶어 할 때 하게 놔둬. 못 하게 한다고 아이들이 안 하는 게 아니거든. 엄마 몰래 할 거 다 해. 엄마가 못 하게 하면, 마음껏 못 한다는 미련에 화장 욕구만 더 커지는 것 같더라고. 생각해봐. 자기도 하고 싶은 게 있었는데, 엄마가 말려서 못 한 적 없나. 엄마가 못 하게 한다고 그런 마음이 없어졌어? 사람은 못 하게 하면 할수록 그런 마음이 더 커져서 언젠가는 하게 되는 것 같더라고. 마음껏 해보고 나면 하라고 해도 안 해."

내가 어렸을 때는 엄마 말씀이라면 거역할 수 없었다. 혼날 것 같은 두려움에 하지 말라는 것은 그냥 하지 않았다.

'왜 하고 싶다고 나의 의견을 말하지 못했을까? 혼나더라도 내 생각을 말했으면 어땠을까? 그랬다면 지금의 나는 훨씬 큰 내면의 힘을 가진 어른이 되지 않았을까?'

이런 생각들이 날 때마다 나는 나 자신이 싫어진다. 그러나 나의 사춘기 딸은 엄마와 의견 충돌이 있어도 엄마한테 혼나는 것을 두려워하지 않는다. 자기 생각과 의견을 꿋꿋하게 표출한다. 그런 딸을 보면, 나와 다르게 내면의 힘을 가지고 있는 것 같아서 다행스럽게 여겨진다. 그렇다고 해서 딸이 화장하고 학교 가는 것을 허락한 것은 아니다.

어느 날 아침, 몇 번의 알람 소리에도 일어나지 않던 딸은 늦었다고 투덜거리며 머리를 감았다. 나는 '오늘은 늦었으니 화장 안 하고 학교 가겠지'라고 생각했다. 늦었더라도 밥은 먹여 보내야 한다는 마음에 나는 서둘러 아침밥을 준비했다. 하지만 딸은 밥을 쳐다보지도 않은 채 늦어서 못 먹는다고만 읊어댔다. 답답한 마음에 방문을 열어 보니 딸은 열심히 화장하고 있는 게 아닌가.

"늦었다며 화장은 왜 하는 거야? 밥 먹을 시간은 없고, 화장할 시간은 있는 거야? 차라리 화장 대신 밥을 먹고 가. 밥 안 먹고 가면 어떻게 공부하려고 그래?"

"싫어, 말 시키지 마. 늦었단 말이야. 늦었는데 밥을 어떻게 먹어?"

"늦었다며 화장은 어떻게 해?"

"아, 진짜. 그러니까 말 시키지 말라고."

"밥은 안 먹어도 화장은 해야 하는 거야?"

아침에 출근 준비하면서 밥을 차리려면 내게도 시간이 넉넉하지 않다. 그럼에도 불구하고 애써 차려놓은 밥은 외면하고 화장에 열중하는 딸을 보니, 욱하지 않을 수 없었다.

나는 아직도 딸이 화장하는 게 마음에 들지 않는다. 그런데 화장한다고 밥도 안 먹는다니 더 화가 났다. 오늘도 사춘기 딸은 자신이 하고 싶어 하는 것을 꿋꿋이 한다. 나쁜 짓도 아니고, 위험한 것도 아닐 때는 경험하게 하는 것도 나쁘지 않다는 오은영 박사님의 인터뷰가 생각난다. 이제는 엄마의 틀에 사춘기 아이를 맞추려고 하면 안 될 듯하다. 엄마의 생각은 알려주되, 아이의 생각도 어느 정도 수용해줘야 서로에게 상처를 안 주지 않을까.

정신건강의학과 전문의 오은영 박사는 청소년들의 화장과 관련해 외모 만족도가 높으면 학업 성적이 오를 수 있다고 들려준다. 화장하는 심리에 대해 그녀는 "사람은 어떤 모습이든 그 자체로 아름답지만, 메이크업에 빠지는 것은 예뻐 보이려는 의미보다는 자신이 최선을 다하고 있음을 자신에게 보이려는 노력이라고 생각한다"라고 분석했다.

"아이들이 위험하거나 나쁜 것, 크게 해가 되는 것은 하도록 내버려 두면 안 된다"라면서도 "화장은 위험한 것도 아니고 나쁜 짓도 아니다. 그럴 때는 약간의 조언을 한 후 '네가 정 그렇게 생각한다면'이라고 포용한 후 경험할 기회를 줘야 한다"라고 했다.

특히 '청소년들이 메이크업 후 외모 만족도가 높아지면 학업 성적이 오른다는 연구 결과'에 대해 "내가 나를 바라보면서 자기 만족감이 생기고, 그 자기 만족감이 잘 쌓일 때 자긍심을 느끼게 된다"라면서, "톤업 크림을 바르거나 틴트를 발라 얼굴색이 환해진 것 같을 때, 청소년들의 자기 만족감이 상승한다"라고 설명했다. 그러면서 "이런 과정을 겪은 사람들은 다른 영역에서도 열심히 노력할 가능성이 있다. 메이크업을 챙기는 것은 부지런해야 가능한 일이다. 그러니 학업에도 열심을 부리지 않을까, 그런 생각이 든다"라고 말했다.

# 2장

# 사춘기 딸을 대하는 법은 따로 있다

# 아이를 존중받아야 할 인격체로 대하자

사춘기 딸을 존중받아야 할 인격체로 대하고 있는가? 나는 사춘기 딸과 이야기하다 보면 항상 대화가 꼬인다. 원래 하려던 대화의 핵심이 무엇이었는지 모르게 말이다. 그럼 나는 그 상황을 서둘러 끝내려고 한다. 대부분 사춘기 딸에게 상처 주는 말이거나 비난하는 말로 끝이 나고 만다.

어느 날, 딸아이가 물고기를 키우고 싶다고 했다. 친구 집에 놀러 간 날, 물고기에게 물고기 밥을 주는 경험을 하고는 자신도 키우고 싶다는 것이다. 나는 애완용으로 무엇인가를 키우는 것을 잘하지 못한다. 더 정확히 말하면, 싫어한다. 그러나 나는 '엄마는 그런 거 싫어해'라는 말로 실망을 주고 싶지 않았다. 물고기를 키우는 것은 밥만 준다고 되는 간단한 일이 아님을 강조했다. 안 된다는 것을 간접적으로 말하며 설득하려고 한 것이다.

"엄마, 우리도 물고기 키우면 안 돼? 친구네 집에서 물고기 밥 줘봤는데 너무 좋았어. 내가 물고기에게 매일 밥을 줄게."

"음…. 물고기를 키우려면 물고기만 있으면 되는 게 아니야. 사야 할 것도 많고, 신경 쓸 일도 많아."

이 모든 일이 다 엄마인 내가 하게 될 것이 뻔한데, 어떻게든 설득해야 했다. 하지만, 딸아이는 몇 날 며칠을 끈질기게 키우게 해달라고 했다. 나는 딸아이에게 다짐받고 키우는 것으로 결정했다.

"오늘부터 물고기 밥 당번하고, 어항 청소는 한 달에 한 번 하기로 약속한 거야. 약속 안 지키면 물고기는 새로운 주인에게 나눔 할 거야. 알았지?"

"야호! 당연하지. 약속 지킬 거니까 걱정하지 마."

일주일이 지나자, 내가 걱정했던 일이 일어났다.

"이제는 물고기 밥 안 줘? 거봐. 엄마가 이럴 줄 알았어. 네가 하겠다고 한 일들을 안 하니까 모두 엄마가 해야 하잖아. 너 키우는 것도 힘들어."

"깜빡한 것 가지고 뭘 그래? 엄마가 한 번은 줄 수도 있는 것 아니야? 엄마는 내가 잘할 때는 아무 말도 안 하다가, 내가 못 하면 그것만 가지고 난리야?"

"엄마가 언제 그랬어? 네가 잘해봐. 엄마가 왜 그러겠니? 도대체 엄마랑 한 약속은 하나도 안 지키잖아. 그렇게 해서 나중에 뭐가 될래?"

"엄마는 물고기 밥 이야기하다가 갑자기 그런 이야기가 왜 나와?"

결국 딸과 나는 감정만 상한 채로 그 자리를 피했다. 사실 내가 딸한테 말하려고 했던 것은 아주 단순하다. 물고기 밥 빼먹지 말고 잘 주라는 것이다. 그런데 그동안 가슴속에 쌓아둔 불만으로 딸에게 상처만 주고 말았다. 그럴 의도는 없었는데 결과는 아이를 비난하는 말로 끝이 난 것이다.

《사춘기 대화법 : 아이가 사춘기가 되면 하지 말아야 할 말 해야 할 말》의 강금주 작가는 <대화의 핵심에서 벗어나지 마라>라는 글에서 "사춘기 아이와 대화를 나눌 때는 무엇보다 대화의 핵심에서 벗어나지 말아야 한다. 누군가 대화 주제와 상관없는 이야기로 감정을 건드리면 이때부터는 서로를 비꼬거나 상대의 약점을 공격하면서 대화가 걷잡을 수 없이 튀기 시작한다"라고 말한다. 그러면서

"대화의 핵심을 벗어나지 않으면서 기분 좋은 대화를 나누고 싶다면, 먼저 아이를 존중받아야 할 인격체로 여겨야 한다. 내 마음대로 칼을 휘두를 수 있는 대상이 아니라, 자기의 생각과 자존심을 가진 제3자로 분리해서 생각하는 자세와 노력이 필요하다"라고 덧붙인다.

나는 딸아이와 대화할 때 나는 어른이고 아이는 어리니까 당연히 엄마가 이끄는 대로 아이가 따라오는 것으로 생각한다. 엄마가 아이의 잘못을 혼내기라도 하면 "잘못했어요. 다음부터는 안 그럴게요"라는 대답을 기대한 것이다.

나와 같은 세대의 부모들은 어린 시절에 대부분 부모로부터 그렇게 배워왔을 것이다. 부모한테 혼날 때면 당연히 그렇게 말해야 했다. 아이는 하나의 존중받아야 할 인격체가 아닌, 부모에게 속해 있는 존재로 말이다. 나는 내 생각이나 느낌을 말로 표현할 수 없는 분위기에서 자랐다. 반면, 나의 딸은 엄마와 대립하는 상황이 되더라도 꿋꿋이 자기의 의사를 표현한다. 이제는 엄마가 된 내가 딸을 존중받아야 할 인격체로 대하는 연습을 해야 한다.

나는 아이들에게 집안일을 시키는 데 대해 거부감이 있었다. 집안일 잘해봐야 좋은 것 하나 없을 것으로 생각했다. 나중에 결혼하면 하기 싫어도 해야 할 텐데 시킬 필요가 있을까 하고 말이다. 그래서 밥상 차릴 때 수저 놓기, 물 떠 놓기 정도만 시켰다.

그러던 어느 날, 나는 야근을 하고 집에 늦게 들어가게 됐다. 나는 딸아이의 저녁 식사가 마음에 걸려 전화했다. 딸은 집에 엄마가 없어서 라면을 끓여 먹었다고 했다. 그러면서 걱정하지 말고 일하고 들어와도 된다는 것이다. 딸아이가 혼자 가스 불을 사용한다는 것이 불안했지만, 한편으로는 혼자 저녁을 해결할 수 있다는 것에 다행이라고 생각했다. 그러나 집에 들어가 보니, 주방이 난장판이 되어 있었다.

"엄마, 나 혼자 라면 끓여 먹었다. 잘했지?"

"먹었으면 깨끗이 치워놔야지! 이게 다 뭐야? 먹는 사람 따로 있고, 치우는 사람 따로 있어? 엄마가 치우는 사람이야? 엄마가 늦게 들어오면 알아서 치워야지. 언제까지 엄마가 다 해야 하니?"

"엄마 걱정할까 봐 내가 알아서 라면 끓여 먹은 거야."

칭찬받을 것으로 생각한 딸은 엄마의 반응에 실망한 표정이었다. 야근으로 지친 나는 어질러진 집을 보고 순간적으로 욱한 것이었다. 나는 '아차' 싶었다. 혼자 알아서 저녁을 해결한 것을 칭찬해주고, 먹고 나면 어떻게 해야 하는지 설명해주면 좋았을 텐데 말이다. 그런 일이 있은 후, 딸아이가 할 수 있는 집안일, 일하는 엄마를 도와줄 수 있는 정도의 것을 함께하기로 했다.

《믿는 만큼 자라는 아이들》의 박혜란 작가는 "아이들을 믿고 맡겨라. 아이들을 키우려고 애쓰지 마라. 아이들은 스스로 자란다. 그들은 '믿는 만큼' 자라는 신비한 존재이니까"라고 말한다. 아이가 선택한 결정에 대해 실패하는 과정을 반복해도 부모는 관여하지 말고, 지켜보며 믿고 기다려주는 것도 부모의 역할이라는 것이다. 이것은 아이를 하나의 인격체로 존중해야만 가능한 일이다.

이제 나도 딸을 있는 그대로 인정하고, 믿고, 기다려줄 수 있어야 한다. 세상이라는 무대에서 딸을 보호한다는 이유로 엄마가 정한 길로 가도록 강요해서는 안 된다. 안고 있던 딸을 세상에 내놓고 스스로 선택한 길을 갈 수 있도록 격려해줘야 한다. 딸을 믿고 지지해줘야 한다. 엄마가 숨은 조력자가 되어 아이를 지지해준다면 아이는 성장해 갈 것이다.

오은영 박사는 "육아의 궁극적인 목표는 아이가 독립할 힘을 길러주는 것이다. 또 육아에서 가장 중요한 두 가지만 꼽으라면, 바로 기다리는 것과 아이를 나와는 다른 인격체로 존중해주는 것이다. 아이가 나와 다른 존재라는 것을 인정해야 한다. 부모가 부모답지 못할 때는 부모인 나를 이해하기 위해서 나와 원부모와의 관계를 되짚어봐야 한다. 엄마와의 관계는 아이가 세상을 살아가면서 맺는 관계의 기초이며, 평생을 이어가는 근본적인 힘이기도 하고, 한 가정을 이루고 자녀를 낳고 기르면서 자녀와 나 사이에서 대물림되는 관계 패턴이다"라고 말했다.

그동안 사춘기 딸을 대하는 나의 양육방식은 나의 원부모의 양육방식이 대물림되는 것이었다. 나도 모르는 사이에 자연스럽게 말이다. 지금 내가 깨닫고 변하지 않으면, 이 대물림은 나의 딸이 또 딸에게 대물림할 것이다. 생각만으로도 소름 끼치는 일이다. 지금 내가 변해야 한다. 나의 사춘기 딸은 한 사람의 인격체로 존중받아야 마땅하다.

# 엄마가 하고 싶은 말은
# 꾹 참자

사춘기 딸에게 화가 나고 불쾌한 감정이 올라올 때는 어떻게 하는가? 사춘기 딸과 함께 살다 보면, 엄마도 본의 아니게 감정이 예민해진다. 그리고 말끝마다 서로 부딪치며 충돌할 때가 많다. 아이가 잘못하고 나서도 오히려 화를 내고 엄마 탓을 할 때도 있다. 문제 상황이 발생했을 때 엄마가 먼저 분노해서 곧바로 말을 하게 되면, 아이에게 상처 주는 말들을 쏟아내게 된다.

딸 친구의 엄마를 만난 날, 그 엄마는 한숨을 쉬며 지난밤 있었던 에피소드를 이야기해줬다. 자기 딸은 많은 학원 스케줄로 인해 집에 오는 시간이 늦다고 한다. 집에 와서 숙제하고 나면 밤 12~1시가 된다고 했다. 딸아이가 숙제를 끝내고 나면 스마트폰을 하고 자기 때문에 1~2시쯤 자게 되고, 그로 인해 다음 날 늦게 일어나게 된단다. 이러한 원인이 스마트폰 때문이라고 생각한 딸 친구 엄마는 화가 나서 이렇게 말했다.

“스마트폰 그만하고 일찍 좀 자. 매일 늦게까지 하니까 늦게 일어나잖아!”

그러자 딸 친구가 말했다.
“학교 끝나면 학원 갔다 와서 학교 숙제하고, 학원 숙제하고 나면 이 시간이야. 나도 좀 쉬어야지. 지금 아니면 나는 스마트폰 할 시간이 없어!”

그 말에 딸 친구 엄마는 발끈했다.
“계속 앞으로도 늦게까지 한다는 거야? 말 안 들을 거면 스마트폰이랑 다 놓고 나가!”

“알았어. 나가면 되잖아!”

딸 친구는 밖으로 휙 나가버렸다. 이 모든 일은 순식간에 벌어졌다. 친구 엄마는 ‘아파트 내 놀이터에서 조금 앉아 있다가 들어오겠지’ 하고 기다렸다고 한다. 그런데 30분이 지나도, 1시간이 지나도 딸이 들어오지 않아서 찾으러 나갔다고 한다. 가랑비도 내리는데 어둡고 추운 밤에 딸이 어디 갔을지 걱정이 되어 눈물이 쏟아졌다고 한다. 홧김에 쏟아낸 말들이 후회되고, 미안한 마음에 불안함이 더 커졌다고 한다. 딸은 온종일 학교, 학원, 공부, 숙제로 힘들었을 것이고, 자기 전 스마트폰 하는 시간이 유일한 낙이었을 것으로 생각하니까 미안한 마음이 더 커졌다고 한다. 스마트폰도 두고, 외투도 입지 않은 채 나간 딸을 찾느라 학교 운동장이며, 아파트를 구석구석 찾아다녔다고 한다. 밤새 찾아다녔지만, 집에는 들어오지 않았고 새벽이 되어서야 집 앞 계단에 앉아 있는 딸을 발견했다고 한다.

"어디 갔었어? 밤새 찾아다녔잖아."

"나가라고 해서 나갔는데, 왜 찾아다녀? 스터디 카페에 있었어. 화가 나도 딸한테 절대로 '나가!'라는 말은 하지 마. 요즘 중학생들 나가라고 하면 진짜 나가."

"홧김에 나가라고 말한 건데 진짜 나갈 줄 몰랐어. 놀이터에 있다가 금방 들어올 줄 알았지. 밤새 얼마나 가슴 철렁했는지 몰라."

작은 일로 시작한 엄마와의 다툼이 커져서 딸아이가 집을 나가게 됐다. 딸 친구 엄마의 에피소드를 듣고, 나에게도 똑같은 상황이 발생하면 절대로 '나가'라는 말은 하지 말아야겠다고 다짐했다. 딸 친구 엄마는 이번 계기로 자기 말과 행동을 돌아볼 수 있는 시간을 갖게 됐다고 한다.

《사춘기, 기적을 부르는 대화법》의 박미자 작가는 <한 박자 쉬고 말하기>라는 글에서 “한 박자 쉬고 말하기는 상대방과 충돌하기 전에 서로의 상황을 돌아볼 수 있는 시간을 갖는 것입니다”라고 말한다. 그러면서 “문제 상황이 생겼을 때 곧바로 말을 하면, 원인을 따지는 말이나, 하소연, 책망하는 말들이 튀어나오는 경우가 많습니다. 그런데 한 박자를 쉬고 말하면 문제 상황에 처해 있는 아이의 모습이 더 부각되어 보입니다. 이런 부모의 감정의 변화나 마음의 여유는 곧바로 상대방에게 전달되기 때문에 대화가 잘 진행될 수 있습니다”라고 덧붙인다.

또한 이렇게 깨달음을 준다.

“문제 상황에서 중요한 점은 아이를 혼내고 제압하는 것이 아니라, 서로 생각하는 시간을 갖고 대화하면서 이 상황을 통해서 자신을 돌아보고 배우는 기회를 갖는 것입니다. 부모가 먼저 분노하는 마음에 휩싸여 책망하는 말을 쏟아내면, 청소년은 상처에서 벗어나기 위해서 공격적인 말이나 행동을 할 수 있는 가능성이 높아집니다. 훈계 중심으로 말하면 청소년은 더욱 마음의 여유를 갖지 못합니다. 마음을 차분히 하기 위해서 한 박자를 쉴 필요가 있습니다.”

나에게도 비슷한 경험이 있다. 아이가 초등학생일 때의 일이다. 딸아이는 유난히 친구 집에 놀러 가는 것을 좋아한다. 친구 집에 있는 텔레비전은 우리 집보다 커서 좋고, 소파도 커서 좋다고 한다. 간식도 종류별로 있어서 마음대로 먹을 수 있다고 한다. 왜 우리 집은 그렇지 않은지 친구 집이 우리 집이었으면 좋겠다고 투덜댄다. 그런데 어느 날 밤, 일이 벌어지고 말았다.

"엄마, 우리도 친구네 집처럼 텔레비전 큰 걸로 바꾸자. 소파도 큰 걸로 바꾸면 안 돼?"

"갑자기 왜 바꾸자는 거야. 쓸데없이 사는 건 낭비야."

"엄마, 우리는 집에 간식이 왜 없어? 간식 좀 많이 사다가 채워 주면 안 돼?"

"너는 간식이 집에 있으면 안 먹고 없는 간식만 찾잖아?"

"에이, 짜증 나."

"뭐라고? 친구 집이 그렇게 좋으면 친구 집에 가서 살아!"

나는 아무 생각 없이 "친구 집에 가서 살아!"라고 툭 던져버렸다. 딸아이는 내 말을 진지하게 받아들였는지 가방에 숙제, 교과서, 잠옷 등을 챙기는 것이었다. 나는 딸아이가 '진짜 가려고 그러나?' 하고 지켜봤다. 잠시 후 딸은 갈 준비가 다 됐으니 친구 집에 데려다 달라고 했다. 밤 10시가 넘어서 혼자 가기 무서우니 데려다 달라는 것이다. '진짜 가려는 건 아니겠지?', '나랑 해보자는 건가?' 하는 마음에 '좋아, 어디까지 가나 보자' 하고 지기 싫은 마음에 아이를 데리고 집을 나왔다. 밖은 껌껌했다. 딸 친구 집으로 걸어가는 도중에 많은 생각이 머리를 스쳤다. 딸아이는 친구네 집에 간다는 생각에 한껏 설레는 표정을 하고 있었다. 딸의 표정을 보고 나는 '이게 아닌데' 하며 황당했다. 이대로 가다가는 친구네 집으로 진짜 들어갈 기세였다.

"친구네 집에 연락도 없이 밤에 가는 건 예의가 아니지. 우리 잠깐 놀이터에서 이야기 좀 할까?"

"무슨 이야기?"

"밤에 가는 건 예의가 아니니까 내일 다시 생각해보자."

화가 나는 마음에 생각할 겨를도 없이 본능적으로 튀어나온 말로 인해 나 스스로 당황하지 않을 수 없었다. 앞으로 커가는 딸과 엄마 사이에 지금보다 더 심각한 상황은 빈번할 것이다. 그러나 한 공간에서 얼굴을 보고 있으면 그 격한 감정이 줄어들지 않을 게 당연하다. 또한 격한 감정은 제어되지 않는 말을 쏟아내게 하는 악순환을 만들어낼 것이다. 엄마와 아이의 격한 감정을 가장 먼저 전환하는 것이 중요하다. 엄마와 딸이 서로 분리되어 각자의 감정과 기분을 전환하는 것이 중요할 것이다.

《사춘기, 기적을 부르는 대화법》의 박미자 작가는 글에서 "화가 치밀어 오르고, 당장 막말이 튀어나오거나 "나가!"라는 말을 하게 될 정도로 아이와 같은 공간에 있기 어려운 상황에 처할 때가 있습니다. 이럴 때도 역시 한 박자를 쉬는 것이 좋습니다"라고 말한다. 그러면서 "아이를 내보내기보다는 어른이 잠시 나갔다 오는 것입니다. 밖에 나와서 하늘도 보고 심호흡도 해봅니다. 그러면 대부분 사소한 집착에 매달리기보다는 마음이 풀리고 여유를 갖게 됩니다. 그리고 한 박자를 쉬기 전보다 한결 가벼운 마음과 표정으로 집에 돌아갈 수 있게 됩니다"라고 덧붙인다.

또한 이렇게 깨달음을 준다.

"만약 아이가 나가는 것을 소극적으로 방치하고 있었다면, 집 밖으로 나간 아이가 뭘 하고 있을지에 대한 아이의 안전에 대한 걱정과 아이의 심리 상태에 대한 걱정으로 지친 시간을 보냈을 것입니다."

화난 상태에서 홧김에 딸아이를 나가라고 해놓고서 노심초사 딸아이의 안전을 걱정하며 불안해할 것은 불 보듯 뻔하다. 나가라고 해놓고 걱정하며 찾아다니는 엄마를 보면 딸아이는 무슨 생각이 들까? 화냈다가 걱정했다가 일관성 없는 엄마로 여기게 될 것이다. 아이에게 감정이 올라오는 것이 느껴진다면 나오는 말을 꾹 참아보자. 그리고 딸아이와의 공간을 벗어나 밖으로 나가 한 박자 쉬어 보자.

# 매일 짧은 시간이라도 대화를 나누자

하루에 사춘기 딸과 대화하는 시간이 얼마나 될까? 교육콘텐츠 전문회사 <스쿨잼>의 가족 설문조사에서 청소년에게 '부모와 대화를 많이 나누는 편인가요?'라고 질문을 했다. 그 결과 청소년 46%는 적당히 대화를 나누는 편이라고 답변했다. 대화를 많이 나눈다(초등 : 43%, 중등 : 47%, 고등 : 36%), 적당히 대화를 나눈다(초등 : 52%, 중등 : 42%, 고등 : 41%), 대화를 적게 나눈다(초등 : 3%, 중등 : 8%, 고등 : 22%)로 나타났다. 대화 빈도가 낮은 이유에 대해서는 학생 본인의 자유시간을 즐겨야 하기 때문(25.2%), 부모님과의 대화가 어렵고 부담되기 때문(23.6%), 이야기할 소재가 없기 때문(18.9%), 부모님의 귀가가 늦기 때문(15%), 부모님과의 대화가 재미없기 때문(7.9%)이라는 답변이 나왔다.

사춘기가 되니 딸아이의 말투가 갑자기 달라졌다. 짜증은 기본이고, 거친 말투와 은어들, 무슨 뜻인지 알 수 없는 신조어들이 대부분이었다. 딸아이는 외모에 관심 많아서 옷을 고를 때, 화장할 때 특히 짜증을 내는 빈도가 늘었다. 딸은 필요한 것, 사고 싶은 것이 있을 때면 주문해달라고 링크를 카톡으로 보낸다. 그러던 어느 날, 딸은 친구들이 사고 싶은 것을 직접 주문해서 택배로 받는다고 하면서 부러워했다.

"엄마, 나 토스 카드 만들었어. 이제 내 용돈 토스로 보내줘."

"왜? 엄마 체크카드는?"

"나도 이제 내가 사고 싶은 것을 내 카드로 직접 주문하고 싶어."

그날 이후로, 문 앞에 택배가 하루가 멀다고 배달됐다. 하루는 틴트, 다른 날은 다른 색의 틴트, 또 다른 날은 핸드크림 등. 나는 이것이 딸에게 어떤 변화가 있다는 사인인지 눈치채지 못했다. 중학생이 되면 외모에 신경 쓰는 것이 당연하다고만 생각했다. 그즈음은 학기 초여서 담임 선생님과 면담을 하게 됐다. 선생님께서는 웃으시며 딸에 대해 새로운 정보를 알려주셨다.

"어머니, ○○가 남자 친구 생긴 거 아세요?"

"네? 남자 친구요? 언제부터요? 누군데요? 같은 반이에요? 선생님은 어떻게 아셨어요?"

"걱정 안 하셔도 돼요. 요즘 아이들은 한 달도 안 가요. 이성 친구를 만나는 아이들이 많아서 그런 친구들은 면담을 자주 하니까 걱정하지 마세요."

갑자기 눈앞이 캄캄해지면서 뒤통수를 한 대 맞은 기분이었다. 딸한테 배신감 같은 것을 느꼈다고 해야 할까. 그동안 옷과 화장품에 왜 그렇게 유난히 민감하게 반응했는지 이해가 갔다. 외모에 유난히 신경 쓰는 것이 이성 친구가 생겼다는 사인일 수도 있겠다는 생각이 들었다. 같은 사인이라도 다른 아이들에게 모두 똑같은 결과를 보여주는 것은 아니지만, 현재 딸의 상태는 남자 친구가 생겼다는 사인이었다. 그동안 그런 사인들이 많이 있었을 텐데 엄마인 내가 알아채지 못한 게 뭐가 더 있을까? 딸아이의 말 뒤에 숨어 있는 속마음이 뭔지 읽을 수 있으면 좋을 텐데 말이다. 속마음을 읽을 수 있으려면 평소에 딸아이와 대화를 많이 나눴어야 했는데, 후회가 밀려왔다.

담임 선생님과 면담한 이후 어느 날 아침, 학교에 가야 할 시간이 됐는데도 딸아이가 일어나지 않았다. 보통 알람을 듣고 일어나기 때문에 특별히 깨울 일이 없는데, 그날은 이상하게 깨워도 일어나지 않았다.

"엄마, 나 오늘 학교 안 가면 안 돼? 선생님께 아프다고 이야기하고 안 갈래."

"어디 아파?`아프면 병원을 가야지."

"아니, 안 아파. 병원 안 가도 돼. 더 잘래."

"아프지도 않은데 학교를 왜 안가? 일단 학교는 가야지."

"알았어. 가면 되잖아!"

방학 때도 친구들이랑 놀고 싶어서 학교에 가고 싶다는 아이인데, '학교를 왜 가지 않으려고 그랬을까? 졸려서 그런가? 으이구, 늦게 자니까 더 자고 싶은 것은 당연한 거 아냐?'라고 생각했다. 그러고는 나도 출근하느라 곧 잊었다. 그런데 오전 일을 마무리하는 중에 담임 선생님에게서 전화가 왔다. 지금은 학교 점심시간일 텐데, '무슨 일이지? 진짜 아픈가?' 하는 생각이 스쳤다.

"어머님, 아이가 아프다면서 조퇴하겠다고 찾아왔어요."

"네? 아침에도 학교 안 가면 안 되는지 물었거든요. 열이 있어요? 병원 가야 할 것 같은가요?"

"아니에요. 아픈 건 아닌 것 같아요. 제가 좀 더 버텨보라고 이야기해줬어요. 어머님, 혹시 아세요? 남자 친구랑 헤어진 거. 그래서 마음이 좀 힘들어서 그런 것 같아요."

내심 웃음이 나면서 기뻤다. 듣던 중 반가운 소리였다. 남자 친구랑 헤어졌다니. '야호!' 하고 소리를 지르고 싶었다. 아이는 힘들어한다는데 엄마는 기쁘다니 이상하지만 어쩔 수 없는 솔직한 심정이다. 그동안 사춘기 딸아이가 남자 친구가 생겼다는 말에 온갖 촉각이 예민해졌다. 아이가 어떤 행동을 하거나 어떤 말을 해도, 누구랑 통화해도, 어디 나가도 신경이 쓰였다. 매일매일 신경이 곤두서는 날들이었다. 헤어졌다니 속이 다 시원했다. 두 발 뻗고 잘 수 있겠다는 생각이 들었다.

그런데, '딸아이가 아침에 학교 안 가면 안 되는지 물었던 것이 아이의 신호였구나'라는 생각이 순간 들었다. 그러면서 많은 생각을 하게 됐다. 나는 남자 친구가 생겼다는 말도 하기 힘든 엄마였구나. 그런 엄마한테 남자 친구랑 헤어졌다는 말을 할 수 있을까? 엄마가 남자 친구를 허용하지 않을 것이라는 사실을 아는 딸이기에 편안하게 이야기를 꺼낼 수 있었을까? 내가 원래 꿈꿔왔던 엄마와 딸의 사이는 남자 친구 이야기도 서슴없이 말할 수 있는 그런 사이였다. 그런데 현실은 아니었다.

삼성마음그린 정신과, 최정미 전문의는 <정신의학신문>의 "내 아이의 마음을 알고 싶습니다 - 청소년과의 대화법"에서 소통의 기술 첫 번째로 “나와 아이의 관계부터 점검해야 합니다. 많은 부모들이 ‘우리 아이와 말이 안 통해요’라고 이야기를 합니다. 그런데, 실제로는 말이 안 통한다기보다는 부모-자녀 관계가 안 좋아서 소통이 안 되는 경우가 대부분입니다”라고 말한다. 그러면서 “심리학자 메러비안에 따르면, 개인 간 의사소통에서 영향을 미치는 요소는 표정, 제스처, 목소리 톤, 억양 등 비언어적 요소가 90% 이상을 차지하며, 정작 말의 내용과 같은 언어적 요소의 영향은 7%밖에 안 된다고 하는데요. 특히 암묵적인 의사소통과 비언어적 신호에 의존하는 고-맥락 문화권인 우리나라에서는 더더욱 이러한 비언어적인 부분에 신경을 많이 써야 하니 좋은 관계가 선행되어야 좋은 소통이 가능하겠죠”라고 덧붙인다.

또한 소통의 기술 두 번째로 “먼저 유쾌한 분위기를 만들어야 합니다. 소통을 원하신다면 먼저 유쾌한 분위기를 만들어야 합니다. 큰 소리로 웃으면 웃을수록 아이도 긴장이 풀려서 같이 웃게 되고 그러다 보면 수년간 닫혔던 마음이 갑자기 열리기도 하는 것입니다. 가끔 너무 엄숙한 분위기의 부모님들이 오시면 저조차도 가슴이 답답해질 때가 있는데요. 그런 부모님들은 자녀와 대화가 거의 없고 일방적인 훈계, 지시만 하는 경우가 많습니다”라고 말한다. 그러면서 “요즘 청소년들이 제일 부러운 것이 ‘우리 집 강아지’라고 합니다. 강아지는 그냥 있기만 해도 예쁘다고 하고, 사랑받고 먹을 것도 주는데, 왜 나는 그냥 있으면 게으르다고, 커서 뭐가 될 거냐고 잔소리를 듣고 눈치를 봐야 하는 건지 모르겠다고 하소연을 한다고 합니다"라고 이야기한다.

그동안 '암묵적인 의사소통과 비언어적 신호'로 아이와의 관계를 불편하게 만들었다는 생각에 미안했다. 의사소통에 표정, 제스처, 목소리 톤, 억양 등 비언어적 요소가 90% 이상을 차지한다는데, 나의 표정, 제스처, 목소리 톤, 억양 등은 딸아이의 입장에서 대화하기 거부감이 들었을 것 같다. 더군다나 중학생이 되면서 성적이 우선순위가 되고, 모든 것이 성적과 연결되다 보니 아이를 아이 자체로만 봐준다는 느낌을 못 받았을 것이다.

사춘기 딸과 대화하는 일은 중요하다. 사춘기 딸에게 어떤 문제나 위기 상황이 생기기 전에 딸이 보내는 사인을 알아차리기 위해서는 매일매일 짧은 시간이라도 아이의 말을 들어주는 시간이 필요하다. 그런 짧은 시간이 누적되어 딸아이의 섬세하고 예민한 속마음을 읽을 수 있는 내공이 쌓이는 것이다. 무슨 말이든 할 수 있도록 엄마와 딸이 편안한 관계를 유지하면서 말이다. 바쁜 아이들과 긴 대화가 어렵겠지만 짧은 시간이라도 매일 딸과의 대화 시간을 갖자. 아이의 속마음을 읽을 수 있도록 노력하자. 그리고 그 시간은 엄마가 웃는 얼굴로 아이의 말을 온전히 들어주는 시간이어야 할 것이다. 온전히 집중해서 말을 듣다 보면, 어느 순간 자연스럽게 딸아이의 사인을 알아차리게 될 것이라고 믿는다.

# 아이의 감정을 먼저 이해하고 헤아려 주자

나의 사춘기 딸은 영어학원에서 가장 마지막 시간에 수업을 듣고 선생님과 함께 퇴근한다. 처음에는 학교를 끝나고 바로 가서 공부하고 집에 왔다. 그런데 1~2달 전부터는 집에 와서 놀다가 간식 먹고, 친구랑 놀고 나서 영어학원을 가는 것이다. 또 집에서 학원으로 갈 때면 최대한 늦게 가려고 애를 쓴다. '5분이라도 미리 가서 수업 준비 좀 하지. 왜 꼭 늦게 가는 것일까?'라고 생각하니 너무 답답했다. 하지만 학원을 안 다닌다고 하지 않는 것만으로도 다행이라고 생각해서 딸에게 직접 말로 하지 않았다. 그러던 어느 날, 시간이 지났는데도 딸이 영어학원에 갈 생각을 하지 않고 텔레비전을 보고 있었다.

"시간이 다 됐는데 학원 안 가?"

"갈 거야."

"너무 늦게 가는 거 아니야? 늦었잖아. 더 일찍 갈 수는 없더라도 늦지는 말아야지. 그렇게 다니기 싫어? 학원도 하나밖에 안 다니는데 왜 그래?"

"알았다고. 지금 가도 괜찮단 말이야."

하루 이틀이 지날수록 학원 가는 시간이 1분씩, 5분씩 점점 더 늦어지는 것 같았다. '왜 자꾸 늦게 가려고 그러지? 무슨 문제가 있나?' 슬슬 걱정되기 시작했다. 그러다가 학원비를 결제하러 학원에 방문하게 됐고, 선생님께 여쭤봤다. 수업을 잘하고 있는지, 진도는 어디쯤 나가고 있는지, 요즘 자꾸만 학원에 늦게 가서 무슨 문제가 있는 것은 아닌지 말이다.

"요즘 학원 수업 시간에 딸아이가 너무 늦게 오지 않나요?"

"개인 진도에 따라 진행되는 거라서 상관없어요. 학원 끝나기 1시간 30분 전에만 오면 수업에는 문제가 없어요."

"요즘 학원을 늦게 가려고 하는데, 왜 그러는지 모르겠어요."

선생님 말씀으로는 학원에 새로 등록한 아이가 딸을 자꾸 놀린다고 했다. 딸뿐만 아니고, 다른 아이들한테도 욕설과 나쁜 행동으로 피해를 주고 있다고 했다. 그런데 그 아이가 딸을 유독 더 놀려서 힘들어한다고 하시는 것이었다. 엄마가 걱정하니까 엄마한테는 그런 이야기하지 말아 달라고 부탁까지 했다는 것이다. 그 이야기를 전해 들으니 어찌할 바를 몰랐다. 그 와중에도 엄마를 걱정했다는 것이 너무 안쓰러웠다. 자기 자신을 먼저 생각해야 할 상황에도 그런 생각을 했다니…. 선생님은 그 학생한테 1차로 주의시켰고, 개선되지 않으면 학부모한테 연락해서 학원을 그만두도록 할 것이라고 했다.

딸은 최대한 그 아이와 마주치지 않기 위해서 마지막 시간을 선택해서 학원을 간 것이었다. 그러는 동안 얼마나 마음속으로 힘들었을까. 이유 없이 놀림을 받은 것도 힘들었을 것이고, 엄마가 왜 늦게 가냐고 매일매일 다그치는 것도 힘들었을 것이다. 늦게 가는 이유에 대해 말 한마디만 해줬어도 빨리 가라고 다그치지 않았을 텐데, 너무나 미안했다. 엄마인 나는 아이가 그런 행동을 보일 때, 그럴 만한 이유가 있을 것이라고 마음을 읽어줬어야 했다. 나는 아이가 평소와 다른 행동을 하면 왜 그러는지, 무슨 어려움이 있는지 찬찬히 알아보려고 하지 않을까? 갑자기 딸아이에게 더 미안해졌다. 마음고생했을 딸을 안아주고 싶었다.

《서천석의 마음 읽는 시간》의 서천석 정신건강의학과 전문의는

<감정을 받아줄 때 사람은 변화합니다>라는 글에서 "상대방의 감정을 인정한다는 것은 생각보다 훨씬 큰 힘이 있습니다. 감정이란 이성으로 쉽게 통제가 되지 않습니다. 야생마를 길들일 때 조련사는 야생마가 충분히 날뛸 수 있는 기회를 줍니다. 다만 안전한 공간에서 날뛸 수 있도록 만들어주죠. 해결되지 않은 감정도 야생마와 같아서 충분히 풀어내지 않으면 저절로 순해지는 법이란 없습니다"라고 말한다. 그러면서 "어떤 분은 흥분한 사람에게 그만 진정하라고 이야기합니다. 그런데 그런 말은 대개 역효과가 납니다. 진정하라는 말 자체가 당신이 괜히 흥분하고 있다는 뉘앙스를 갖고 있으니까요. 그 결과 "이게 진정할 수 있는 상황이야?" 하는 반격을 당하기 쉽습니다. 이성이나 논리로 통제가 될 상황이라면, 애초에 감정적인 모습을 보이지 않았겠죠"라고 덧붙인다.

또한 이렇게 깨달음을 준다.

"상대의 감정을 충분히 들어주지 못하는 중요한 이유는 상대에게 내 감정을 인정받고 싶은 마음이 앞서기 때문입니다. 내 감정을 인정받고 싶은 마음이 먼저이다 보니 상대의 감정을 들어줄 여유가 없는 것이죠. 하지만 상대의 감정을 들어줄 때 내 감정 역시 상대에게 전할 기회가 주어집니다. 그저 들어주고, 상대의 감정을 이해하려고 해보십시오. 상대의 요구를 다 들어주란 것은 아닙니다. 감정을 들어주는 것만으로도 마음이 변하는 것이 사람입니다."

한번은 중간고사가 있는 첫날 아침, 갑자기 딸아이가 방에서 소리치며 나를 불렀다.

"엄마, 내 체육복 어딨어? 어디 있냐고!"

"네가 벗어 놓고 엄마한테 물으면 엄마가 어떻게 알아? 잘 찾아봐."

"엄마, 컴사 어딨어?"

"컴사? 컴퓨터 사인펜? 오늘이 시험인데 그걸 이제 찾아? 없으면 어제 샀어야지. 엄마한테 찾으면 갑자기 어디서 나와?"

"없으면 없다고 하면 되지. 엄마는 왜 짜증이야?"

"뭐? 네가 준비 안 해놓고 왜 엄마한테 짜증이야?"

시험 본다는 아이가 컴퓨터 사인펜을 당일 아침에 찾느라고 짜증을 냈다. 나도 아침 식사를 준비해놓고 출근 준비하느라 분주한데, 딸이 짜증을 내니까 욱하고 짜증을 내버렸다. '아침마다 왜 그러는 걸까? 오늘이 시험인데 전날 준비해놨어야지. 왜 안 해놓고 엄마한테 짜증이지?' 나는 아이의 말과 행동에 관해 판단하고 비판만 한 것이다. 아침 출근 준비 중에 일어난 일이라 나도 마음의 여유가 없어 아이의 상황과 마음을 헤아릴 수가 없었다.

《사춘기, 기적을 부르는 대화법》의 박미자 작가는 <감정 읽어 주기>라는 글에서 “사춘기 청소년의 말이나 행동보다 감정을 읽어주세요. 겉으로 드러나는 행동이나 말보다는 아이의 마음을 읽어주세요. 사춘기에는 감정의 변화가 심하기 때문에 자신의 속마음보다 말이나 행동이 과장되게 나타나거나 축소되어 나타나는 경우가 많습니다. 작은 일에도 화를 내거나, 슬퍼하고 낙담할 수 있습니다. 이럴 때는 아이의 태도를 평가하거나 규정하지 말고, 속마음을 읽어주세요”라고 말한다. 그러면서 “사춘기 청소년이 강한 감정을 보일 때는 더 강한 감정 표현으로 대응하면 안 됩니다. 사람은 누구나 공포스럽고 불안감을 느낄 때는 자기 안에 갇히게 되기 때문에 충돌하면 상처를 받게 됩니다. 따라서 자녀가 강한 감정 표현을 할 경우에, 분노는 더욱 부드럽고 침착하게 대응할 필요가 있습니다. 목소리를 낮추고 말의 속도를 천천히 조절하는 것입니다”라고 덧붙인다.

학교에 가야 하는데 체육복이 없어 당황한 딸이 엄마에게 도움을 청한 것이었는데, 나는 아이의 감정을 읽지 못했다. 시험인데 필통에 있던 컴퓨터 사인펜이 안 보여서 당황한 딸이 엄마에게 도와달라는 것이었는데, 나는 아이의 심정을 읽지 못했다. 엄마가 딸의 말과 행동보다 심정을 먼저 봤다면, 그날 아침과 같은 상처는 서로에게 남지 않았을 것이다.

'짜증은 불만이 누적되어 나타나는 일종의 신호'라고 한다. '사춘기 딸에게 엄마는 세상에서 아무 의심 없이 기댈 수 있는 자기편'이라고 한다. 사춘기 딸이 불만이 쌓이지 않도록 엄마가 아이의 감정을 있는 그대로 읽어주고 인정해줘야 한다. 감정은 긍정적인 감정만 있는 것이 아니다. 부정적인 감정도 감정이다. 즐거움, 기쁨, 창피함, 괴로움, 슬픔, 짜증 등 아이는 이 모든 감정을 숨기지 않고 표현할 수 있어야 한다. 그러려면 아이가 어떤 감정을 표현하더라도 이해해주고, 비판하지 않으며, 그대로를 존중하며 받아줘야 한다. 그렇게 했을 때 아이도 솔직하게 자신의 감정을 말할 수 있는 어른으로 성장할 것이다.

# 먼저 아이의 말을 들어주자

중간고사나 기말고사를 치르고 나면, 딸아이의 책상 위는 난장판이 된다. 교과서뿐 아니라 문제를 풀었던 프린트물과 노트들이 시험지랑 뒤엉켜 종이 분리수거함을 방불케 한다. 시험이 끝나고 나면, 시험지는 해당 교과 시간에 가져가서 답안을 확인해야 하니 잘 보관해둬야 한다. 그러나 나의 사춘기 딸은 시험지 정리에 대해 아랑곳하지 않는다. 나는 쓰레기 더미 같은 종이들 사이에서 시험지만 꺼내려고 하다가 딸아이의 낙서가 적혀 있는 종이를 발견했다.

'학원 수학 선생님은 도대체 왜 그래? 왕짜증이야.'
'못 알아듣게 설명하면서, 이해 못 한다고 화만 낸다니까.'
'야, 우리 그냥 공부하지 말고 나가자.'
'그럴까? 좋아. 고고고.'

욕들이 난무한 대화가 종이에 휘갈겨 써 있었다. 나는 알지도 못하는 욕들이 충격적이었다. 도저히 나는 읽을 수도 없었다. 한글인지, 어느 나라 말인지, 기호인지 분간도 안 된다. 문제는 그게 다가 아니었다. 딸과 친구의 대화가 기록된 다른 종이에는 온통 불평불만과 짜증 난다, 싫다는 내용만 적혀 있었다. 스터디 카페를 등록해달라고 들들 볶더니, 공부한다고 가서는 이렇게 낙서만 하고 있었다고 생각하니 또 욱하고 올라오기 시작했다. '집에 오기만 해봐. 스터디 카페에 가서 공부는 안 하고, 친구와 같이 땡땡이치고 놀러나 가고.' 나는 딸이 오기만을 벼르고 기다렸다.

"나 왔어."

"이리 와봐. 이게 뭐야? 책상이 너무 지저분해서 시험지만 정리하려다가 봤는데, 스터디 카페에서 공부한다더니 땡땡이나 치고, 학원 선생님 욕이나 하고."

"뭔데? 왜 남의 책상은 뒤지고 그래? 공부하다가 쉴 수도 있지. 내가 뭐 맨날 놀기만 한 줄 알아? 왜 엄마는 알지도 못하면서 엄마 마음대로 생각하고 그래?"

'아차!' 싶었다. 나도 딸아이가 매일 땡땡이치고 놀러 갔다고는 생각하지 않는다. 선생님이 싫어서 그렇게 욕을 했을 거라고도 생각하지 않는다. 그런데도 딸아이에게 왜 그렇게 쏘아붙였는지 모르겠다.

《사춘기 대화법 : 아이가 사춘기가 되면 하지 말아야 할 말 해야 할 말》의 강금주 작가는 〈아이는 틀리고 부모는 옳다는 전제〉라는 글에서 "사춘기 아이와의 대화는 먼저 들어야 한다. 듣는 귀가 열리지 않으면 절대로 상황에 맞는 말을 할 수 없다. '오늘 아이와 이야기를 하면서 이 점을 꼭 지적해야지' 하고 벼르고 있으면 아이가 하는 말에 집중할 수가 없다. 아무리 중요한 말을 해도 놓치게 된다. 어떻게 하면 내 이야기를 할 수 있을까만 생각하고 있기 때문이다"라고 말한다. 그러면서 "상대의 말을 듣지 않고 내가 할 말만 하는 것은 대화가 아니다. 그건 명령이나 지시다. 사춘기 아이와 대화를 나누기 위해 필요한 것은 '듣는 마음'이지 '판단하는 마음'이 아니다. 하고 싶은 말이 있더라도 아이가 하는 말을 중간에 자르지 않고 끝까지 들어야 한다. 그러기 위해서는 머릿속을 비워 두어야 한다. 그래야 아무 생각 없이 아이의 말을 끝까지 들을 수 있다"라고 덧붙인다.

나는 아이의 낙서를 보고 '집에 오기만 해봐라' 하는 마음으로 벼르고 있었다. 그래서 나는 아이의 말에 귀 기울여 들을 생각을 할 수 없었던 것이다. 딸의 어떤 변명을 듣고 싶었던 게 아니고, 내가 하고 싶은 말만 하기 위한 것이었다. 아무리 말을 잘하는 강연가라도 청중의 물음을 듣고, 거기에 맞는 답변을 해야 훌륭한 강연가라고 할 수 있다. 그러나 청중의 물음은 듣지 않고 내가 하고 싶은 말만 한다면 과연 좋은 강연가라고 할 수 있을까.

딸아이가 중학교 2학년이 되더니 이제는 학원에 다녀야 할 것 같다고 했다. 딸은 벌써 영어와 수학학원에 상담을 다녀왔고, 그 학원에 다닐 것을 결정했으니 학원비를 내달라는 것이다. 내가 직접 상담을 안 해서 선뜻 허락하기가 망설여졌다. 그러나 딸이 자기가 다닐 학원이니까 스스로 선택해서 결정하고 싶다고 말했다. 나는 딸의 의견에 동의했다. 나는 학원 분위기와 선생님에 대해 궁금한 점이 있었으나, 자신의 선택에 대해 믿어줬으면 하는 딸아이의 마음을 믿었다. 선생님과는 한 달 수업하고 나서 딸아이를 파악한 다음 상담하기로 했다. 그런데 한 달도 채 되지 않은 어느 날, 딸은 학원을 그만둔다고 말했다.

"엄마, 나 학원 안 다닐래. 다른 학원으로 바꿀래."

"뭐라고? 학원 다닌 지 얼마나 됐다고 그래? 그럴 줄 알았어. 상담도 했고, 어떻게 수업하는지도 선생님과 이야기했을 텐데 뭐가 문제야? 숙제 안 해가서 혼난 거 아니야? 수업 시간에 집중 안 하고 딴짓하다가 걸렸어?"

"아니거든? 왜 말도 안 들어 보고 엄마 혼자 생각하고 화내는 거야?"

"선생님이 상담했을 때와는 다른 선생님이고, 진도도 너무 느리게 나가고, 암튼 다른 학원으로 바꿀 거야."

딸아이가 학원을 그만둔다는 말에 나는 어이가 없었다. 학원을 다닌 지 얼마나 됐다고 벌써 안 다닌다고 하는지 말이다. '그럴 줄 알았다' 하는 생각이 앞섰다. 그러니 딸아이에게 내가 하고 싶은 말만 늘어놓은 것이다. 나의 욱하는 마음이 '듣는 마음'이 아닌, '판단하는 마음'을 작동하게끔 한 것이다. 들으려고 하는 마음이 없으니 아이의 말에 비판하고 평가하는 말로, 아이가 먼저 말할 수 있는 기회를 빼앗은 것이다.

《어른의 대화법》의 임정민 작가는 <마음 따라 변하는 말과 행동>이라는 글에서 "상대에게 내 마음을 제대로 보여줄 수 있는 말과 행동을 하지 않는다면 소통은 이루어지지 않는다. 결국, 서로에게 남는 건 얼룩진 상처뿐이다. 그러니 우리는 '나를 위한 말'이 아니라 '우리를 위한 말'을 의식적으로 선택할 수 있는 힘이 필요하다"라고 말한다. 그러면서 "정신과 의사 토머스 A. 해리스는 "부모 자아가 원칙과 규율을 너무 엄격하게 내세우면서 무조건 명령하는 태도를 취하려고 하거나 아이 자아가 순간적인 감정에 북받쳐서 주위 상황을 고려하지 않고 날뛰려 할 때 어른 자아가 그러지 못하도록 잠시 진정시켜야 한다"라고 말한다. 욱하는 감정이 올라오거나 사사건건 트집 잡고 싶을 때, 열등감에 사로잡혀 억지 부리고 싶을 때 1부터 10

까지 머릿속으로 천천히 숫자를 세면서 '어른 자아의 전원을 켜자' 라는 주문을 외우라고 조언한다. 어른 자아의 전원을 켜야겠다고 의식하는 것만으로도 우리는 자신에게 이성이 있음을 인식하면서 합리적으로 행동하려고 노력할 것이다"라고 덧붙인다.

내가 사춘기 딸아이를 대할 때를 가만히 생각해보면, 내 안에는 부모 자아와 아이 자아가 크게 자리를 차지하는 것 같다. 욱하는 감정이 많이 올라온다는 것, 엄마의 말을 무조건 들어야 한다는 태도가 그것이다. 어른이라고 해서 모든 어른이 자기 안에 '어른 자아'를 크게 가지고 있는 것은 아니다. 이성이 있는 엄마로서 '어른 자아'를 키워 사춘기 딸아이의 말을 먼저 들어줄 수 있어야 할 것이다.

# 아이의 마음을 있는 그대로 인정해주자

중학생이 되면서, 나의 사춘기 딸은 해보고 싶은 것이 너무 많다고 했다. 딸아이는 원래 좀 엉뚱한 행동을 잘한다. 내가 보기에는 너무 쓸데없고, 의미가 없어 보이는 것들이 대부분이다. 예를 들자면, 밤새워보기, 편의점에서 새벽에 라면 먹어보기, 불 안 끄고 자보기, 양치 안 하고 자보기, 편의점 신상 다 먹어보기, 기타 쳐보기, 겉옷 위에 속옷 입어보기, 온종일 수영하기, 친구와 기차 타보기, 친구 집에서 밤새워보기 등이 그것들이다. 황당하지 않은가. 이런 것들이 왜 해보고 싶은 것인지 도무지 이해가 가지 않는다. 일회성으로 할 수 있는 것들이라서 버킷리스트 하는 것처럼 해보기 시작했다. 한번 해보는 것은 호기심으로 보아 넘길 수 있다. 하지만 한번 해보고 계속하고 싶다는 생각이 들 수도 있지 않은가. 어이없게도 불 안 끄고 자본 이후로 불을 끄지 않고 잔다. 아침에 아이 방에서 들리는 알람 소리에 아이 방문을 열어 보면 불이 환하게 켜져 있었다.

"불 안 끄고 잔 거야?"

"깜빡 잊어버렸어. 오늘 밤부터는 꼭 끄고 잘게. 약속할게."

"약속했으니 꼭 지키자. 믿을게."

약속했으니 이제는 알아서 잘하겠지 했다. 그런데 다음 날 아침, 딸아이의 알람 소리에 방문을 열어 보니 여전히 불이 켜져 있는 것이다. 어제의 약속은 엄마의 희망 사항일 뿐이었다는 사실을 깨달았다.

"어제 잘 지키겠다고 다짐해놓고 하루도 못 가서 약속을 안 지키니? 어제 한 약속 다 거짓말이었어?"

"아니야. 끄고 자려고 했어. 그런데 깜빡 잠이 들었어. 오늘은 정말 꼭 끌게."

"엄마가 그 말을 어떻게 믿어?"

"엄마는 나를 믿지도 않으면서 나를 믿는다고 한 거야? 그럼 엄마도 거짓말한 거네."

나는 아이가 불을 꼭 끄겠다고 했기 때문에 다음 날부터 아이가 약속을 당연히 지킬 것으로 기대했다. 그리고 '안 지키기만 해봐라' 하는 마음으로 아이를 지켜보게 된 것이다. 약속한 것도 잊은 채 다음 날도 똑같이 행동하는 아이를 보면서 나는 실망했다. 그리고 약속을 지키지 않았다는 사실만으로 어제의 약속을 거짓말한 것으로 매도해버린 것이다. 아이가 약속한 것을 그 순간을 모면하기 위해 거짓말을 했다고 생각하며 아이에게 화가 나기 시작했다.

그러나 아이가 나에게 약속했던 말은 당연히 거짓이 아닐 것이다. 약속한 그 순간만큼은 진심이었을 것이다. 다만, 습관이 들지 않아서 지키지 못했을 뿐이다. 습관이 되려면 연습이 되어야만 가능하다. 그런 연습 과정이 없어 지키기가 어려웠던 것인데, 그 약속까지 거짓말이었냐고 물었으니 아이의 마음이 어떨 것 같은가. 아이는 자신을 믿어주지 않는 엄마에게 반항하고 싶은 마음이 생겼을 것이다.

나쁜 습관은 연습 과정 없이도 쉽게 습득이 되지만, 정말 필요한 습관은 시간이 매우 필요한 것이다. 아이가 잘못된 습관이나 행동을 고치겠다고 약속하면 엄마는 기다려줘야 한다. 아이가 실패를 반복해도 다시 도전할 수 있도록 여유를 갖고 기다려줘야 할 것이다.

《욱하는 사춘기, 감성 처방전》의 곽소현 작가는 〈아이의 호기심을 생활에 반영하라>라는 글에서 "호기심을 타고난 아이가 있고, 나중에 호기심이 발달하는 아이도 있다. 호기심이 없는 아이는 구태의연하게 남이 하는 것만 따라 한다. 아이들이 앞으로 살아갈 세상은 변화가 많고 다양한 문화가 함께 어우러질 것이다. 현재 가장 앞서 있고 완벽해 보이는 것도 새로운 것으로 대체될 것이다. 그렇기에 변화에 적응하지 못하고 지금의 삶에 안주하면서 살면 도태될 수밖에 없다"라고 말한다. 그러면서 "부모의 가치관으로만 보면 아이가 이상해 보이고 때로는 위험해 보일 수 있다. 호기심은 열린 마음이고, 호기심이 많은 아이들은 개방적인 태도로 세상을 신뢰한다. 세상을 "위험하다. 조심해"라고만 가르치면 아이는 날개를 채 펴기도 전에 경직되고 주눅이 든다. 무엇을 해도 재미를 못 느끼고 심드렁하다. 그러니 "재미난 생각이네, 한번 해봐"라는 말을 많이 해주자"라고 덧붙인다.

어느 날 갑자기 딸아이가 자기 방에 들어오지 말라고 방문을 잠가버렸다. 그러더니 방에서 쿵쾅 소리가 들리는 것이다. 보는 것도 안되고, 소리도 듣지 말라고 하면서 방 근처에도 오지 말라고 했다. 다 끝낸 다음에 보여준다면서.

"엄마, 내 방에 오지 마. 소리도 듣지 마."

"왜? 또 무슨 엉뚱한 짓을 하려고."

"뭐야. 내가 뭘 어쨌다고? 그냥 오지 말라면 오지 마."

"엄마 너무 불안해. 아무것도 하지 마. 제발."

나는 사춘기 딸아이가 무엇인가 한다고 하면 겁부터 난다. 그래서 이때도 불안함에 딸아이를 응원할 수가 없었다. 하고 싶은 것은 생각할 겨를도 없이 해버리는 딸아이는 생각나면 바로 해야 하는 성격의 소유자다. 나는 딸아이의 요청대로 아이 방에서 나는 소리에 관심을 끄고 나의 할 일을 했다. 몇 시간이 지났을까. 딸아이가 방에 들어오라고 나를 부르는 것이다. 엄마를 부르는 아이의 목소리에는 무엇인지 모를 뿌듯함이 느껴졌다.

"엄마, 내 방에 들어와 봐. 빨리빨리."

"왜? 엄마 무서워. 뭐 했을지."

"우아! 이걸 다 혼자 한 거야? 혼자 어떻게 했어?"

"어때? 방이 더 넓어 보이지? 완전 마음에 들어. 나 잘했지?"

"무거운데…. 엄마한테 도와달라고 하지."

방이 좀 더 넓었으면 좋겠다 싶어 딸아이는 가구 배치를 바꾸려고 생각했고, 바로 실행에 옮긴 것이다. 혼자서 책상, 책장, 침대를 옮겨서 가구 배치를 다시 한 것이다. 엄마한테 같이하자고 할 법도 한데 말이다. 딸은 혼자서 가구를 옮겨 배치한 후에 엄마를 깜짝 놀라게 해주고 싶었다는 것이다. 나는 미안함과 감동이 동시에 몰려왔다. 아이에게 "아무것도 하지 마. 제발"이라고 속마음을 말로 한 것이 너무 미안해서였다. 나는 왜 딸아이의 말을 있는 그대로 받아주지 않고, 내 마음대로 생각하고 불안해했을까? 그런 엄마의 부정적인 반응이 딸아이의 하고 싶다는 욕구를 없애는 요소가 될 수도 있었을 텐데 말이다.

《모르고 사는 즐거움》의 저자이자 심리학자인 어니 젤린스키(Ernie J. Zelinski)는 일상에서 느끼는 걱정에 대한 연구 결과에서 이렇게 보여주고 있다.

"걱정의 40%는 절대 현실로 일어나지 않고, 걱정의 30%는 이미 일어난 일에 대한 것이고, 걱정의 22%는 사소한 고민이고, 걱정의 4%는 우리 힘으로는 어쩔 도리가 없는 일에 대한 것이고, 나머지 걱정의 4%만이 우리가 바꿔놓을 수 있는 일에 대한 것이다."

걱정의 4%는 우리 힘으로는 어쩔 도리가 없는 것이다. 그렇다는 것은 인간이 하는 걱정의 96%는 불필요하다는 점이다. 그 말은 걱정한다고 해서 그 걱정이 해결될 수 있는 것도 아니라는 말이다. 그렇다면 쓸데없는 걱정으로 인해 자기 자신을 힘들게 하지 말고, 시간 낭비하지 말라는 뜻도 된다.

아이의 말과 행동으로 나의 불안이 점화되고, 걱정을 끌어당겨서 나의 에너지를 소모할 뿐인 것이다. 그렇다면 우리가 바꿔놓을 수 없는 걱정 4%를 제외하고는 나의 불안과 걱정은 아이의 마음을 있는 그대로 믿어주는 것으로 해소할 수 있을 것이다.

# 절대 비난하거나 상처 주지 말자

딸아이에게 스마트폰을 처음 사주고 난 직후 숙제하고, 공부할 때는 스마트폰을 거실에 두기로 약속했다. 내가 퇴근하고 집에 들어가면, 딸아이가 거실에서 스마트폰을 들고 있었다. 나는 아이가 숙제하기로 한 시간에 숙제하지 않고, 스마트폰을 하고 있다고 생각했다. 그래서 그냥 넘어갈 수가 없었다.

"너 숙제 안 하고 또 스마트폰으로 놀고 있는 거야? 그럴 줄 알았어. 약속은 지킬 생각도 안 하고."

"나 숙제하다가 방금 나왔어. 놀고 있었던 거 아니야. 엄마는 알지도 못하면서."

"모르긴 뭘 몰라. 지금 스마트폰 하고 있잖아."

"마음대로 생각해. 어차피 엄마는 엄마 마음대로 생각하잖아."

"마음대로 한 건 너지."

딸아이는 숙제하고 있다가 스마트폰이 울려서 엄마인 줄 알고 받으러 나온 것이었다. 그런데 하필 그 순간에 내가 퇴근해서 집에 들어간 것이다. 나는 아이가 약속을 지키지 않았다고 의심부터 했다. 그러니 좋은 말이 나올 수 있었겠는가. 나는 아이를 의심부터 했기 때문에 아이가 상처받을 말을 한 것이다. 반면, 엄마로부터 상처받는 말을 듣고 나니, 아이는 공부하고 있었음을 말하고 싶지 않았을 것이다.

《내 부모와는 다르게 아이를 키우고 싶은 당신에게》의 박윤미 작가는 <내 마음을 알아차리면 말투가 바뀐다>라는 글에서 "말은 말 자체의 문제가 아닙니다. 말은 우리 안의 많은 것들을 담은 그릇입니다. 그 그릇에 담겨 겉으로 드러난 내용은 우리 마음 안에서 어떤 처리 과정을 거쳐 나오는 결과물일 뿐입니다"라고 말한다. 그러면서 "부모 마음 안에 걱정이나 불안 또는 미움이 가득하면서 말만 좋게 하기는 어렵습니다. 그래서 우리는 먼저 내 마음을 보는 눈을 떠야 합니다. 나와 아이와의 상호작용 관계에서 적절한 공감 대화를 할 수 있으려면 그 이전의 과정이 필요합니다. 다른 사람(아이)의 마음을 알아주려면 내 마음부터 이해하는 것이 중요합니다. 내가 왜 그런지 알면 나를 더 잘 견딜 수 있고, 멈출 수 있습니다. 그제야 다르게 행동하기를 선택할 수 있거든요"라고 덧붙인다.

아이에게 먼저 상황을 물어봤다면 어땠을까? 그랬다면 아이는 상황 설명을 했을 것이고, 서로 감정 소모할 필요가 없었을 것이다. 설령 아이가 약속을 지키지 않았다고 해도 비난하는 말이나 상처 주는 말 대신 아이를 격려하는 말을 해준다. 그러면 나와 아이 사이에 적절한 공감이 들어간 대화를 할 수 있을 것이다.

엄마는 언제나 아이의 미래를 걱정한다. 그러한 걱정이 엄마를 더 불안하게 만든 것이다. 아이가 엄마의 틀 안을 벗어나는 행동을 하면 마음속 불안은 더 커지게 된다. 말 한마디도 긍정적인 말이 나가지 못하고, 비난하거나 상처 주는 말을 하게 되는 것이다. 그러면 아이는 부모와 말하는 상황을 거부하게 되고, 피하고 싶어질 것이다. 그 어떤 누구도 비난하는 말, 상처 주는 말을 듣고 싶은 사람은 없다.

딸아이가 언젠가부터 팔을 긁는다. 언제부터 그랬는지, 왜 그런 것인지 자신도 모른단다. 그래서 피부과에 갔다. 의사 선생님은 건조해서 그러니 물을 많이 마시고, 인스턴트 음식을 안 먹으면 좋겠지만 많이 먹지 말라고 하셨다. 심해지면 아토피가 된다고 한다. 인스턴트 음식 때문에 요즘은 성인 아토피도 많이 생긴다고 한다. 딸아이는 하교 후 편의점에서 거의 매일같이 불닭볶음면을 먹었다. 그러니 피부가 그렇게 될 수밖에 없는 것이다. 일주일에 한두 번 정도만 먹으라고 해도 매일 먹는 눈치다. 학교 끝나면 얼마나 배가 고플까, 학원 끝나면 또 얼마나 먹고 싶을까, 한참 커야 하니 먹어도 먹어도 배가 많이 고플 것이다. 간식으로 좋은 것을 사 먹으라고 해도 엄마 말은 아랑곳하지 않는다.

"팔을 또 긁는 거 보니 라면 먹었지?"

"먹고 싶은 걸 어떡해?"

"몸에 좋지도 않은 걸 왜 매일 먹는 거야? 흉터 생기면 어떡해? 흉터 남으면 반팔 옷도 못 입고, 예쁜 옷도 못 입는다고. 너는 네 몸이 걱정 안 돼? 제발 생각 좀 하고 살아."

"내가 뭘 먹든 상관하지 마. 그리고 내 팔이 어때서. 내 팔이니까 걱정하지 마."

"엄마는 걱정되어서 그러는 거야. 엄마니까 걱정하지. 누가 걱정해주니?"

딸아이는 중학교 1학년 때 소변검사에서 단백뇨가 검출되어 추가 검사 진단을 받았다. 소아청소년과에 가서 상담 후 3개월마다 정기적으로 검사를 했다. 1차 검사에서는 수치가 높지 않았고, 3개월 후 검사에서는 수치가 높게 나오고, 3개월마다 실시한 검사에서 수치가 낮았다, 높았다를 반복했다. 수치가 연속으로 높게 나오면 큰 병원에 가서 정밀 검사를 받아야 하는데, 12월 검사 결과에서 연속으로 수치가 높게 나왔다. 큰 병원에서는 낮 시간에 1차 소변검사를 하고, 2차 소변검사는 공복, 아침 첫 소변으로 검사를 했다. 1차 소변검사 결과는 수치가 높게 나왔지만, 2차 소변검사 결과는 정상으로 나왔다. 의사 선생님께서는 아침 첫 소변 수치가 낮으면 아무 문제가 없는 거라고 하시면서 아이가 물을 너무 안 먹는다고 하셨다. 물을 많이 먹어야 한다고 하셨다.

"학교에서 물 안 마셔? 엄마가 싸주는 물도 매일 그냥 가져오던데. 엄마가 매일 물 마시라고 하잖아. 네가 안 마시면 소용없어."

"의사 선생님이 어떻게 아셨지? 밖에 나가면 물 안 마시는데."

"진짜? 물 좀 많이 마셔. 물 안 마셔서 나중에 병 생기면 얼마나 힘든 줄 알아? 그 병은 완치도 없고, 치료받는 것 자체가 고통이래. 아프면 좋겠어? 병을 왜 키우려고 그래? 엄마가 힘든 게 그렇게 좋아? 엄마가 열심히 일해서 너 병원비로 다 쓰면 좋겠어?"

소변검사를 정기적으로 하는 1년 동안, 나는 가슴을 얼마나 졸였는지 모른다. 속상한 마음에 아이에게 병 걸리면 어쩌려고 그러냐며 부정적인 말을 막 내뱉었다. 나의 불안이 커서, 아이가 받을 충격이나 공포를 생각할 겨를이 없었던 것이다.

《서천석의 마음 읽는 시간》의 서천석 작가는 <비난과 비판, 작지만 큰 차이>라는 글에서 "아이보다 내가 강하고, 어떻게든 아이를 바로잡을 수 있다고 확신하는 부모라면 아이를 비난하지 않습니다. 이러다가 아이가 잘못될까 두렵다고 생각하는 부모가 아이를 비난합니다. 내가 상황을 변화시킬 수 있다는 믿음이 적을수록 비난하고, 비난하는 순간 이미 우리는 상황을 변화시킬 수 없게 됩니다. 결국 비난이 아닌 비판, 포기가 아닌 변화를 위해서는 나에 대한 믿음이 필요합니다. 지금은 상황이 좋지 않지만 결국 내가 해결할 수 있을 거란 믿음이 있다면 비난은 줄어듭니다"라고 말한다.

나는 아이가 잘못될까 두렵다고 생각한 것이다. 내가 상황을 변화시킬 수 있다는 믿음이 적으니 아이에게 나의 불안과 두려움을 마구 쏟아낸 것이다. 내 마음속 불안과 두려움을 비난이라는 말로 쏟아낸다고 줄어들지 않는데 말이다. 지금 상황이 나쁜 것도 아닌데, 미래에 대한 걱정이 불안과 두려움을 만들었다. 이 모든 것이 내 마음속 믿음이 적기 때문이다. 내가 충분히 해결할 수 있다는 믿음으로 나의 불안과 두려움을 줄인다면, 아이에게 비난하는 말로 상처 주는 일은 없을 것이라 믿는다.

# 3장

# 사춘기 딸에게 화내지 않는 법

# 엄마의 기분과 감정 상태도 중요하다

사춘기 아이의 말과 행동에 대한 엄마의 반응은 엄마의 기분과 감정 상태에 따라 어떻게 달라질까? 아이는 신기하게도 엄마의 얼굴만 보고도 엄마의 마음 상태와 기분을 눈치챈다. 엄마의 눈빛과 표정을 읽는 듯하다. 나는 아이에게 나의 기분과 감정 상태를 들키지 않으려고 애쓴다. 하지만, 아이는 아무 말없이 엄마의 눈만 몇 초 바라보고는 엄마의 감정 상태를 알아챈다. 엄마의 기분이 예사롭지 않음을 감지한 날은 방으로 조용히 들어간다. 초등학생일 때는 엄마의 눈을 본 아이는 "엄마 왜 그래? 슬퍼? 힘들어?" 하고 물어봤다. 그러나 중학생이 된 지금은 아무 말없이 방으로 들어가버린다. 지금 엄마한테 말을 해봤자 좋은 소리가 안 나올 것이라는 느낌을 받은 것이다. 엄마의 무표정은 딸아이들에게는 위압감으로 다가왔을 것이다.

나는 아이를 낳고 키우면서 계속 독박 육아를 했다. 육아를 시작하고 나서부터 남편이 있음에도 불구하고 아이들을 혼자 키워야 한다는 생각으로 그 책임감과 의무감에 살았다. 최선을 다해 아이를 키우려 했고, 살아내려고만 했다. 그러다 보니 행복한 감정, 설레는 감정, 사랑하는 감정, 사랑받는 느낌 없이 열심히만 살아온 것이다. 감정에 충실하지 못하고, 감정을 표현하지도 못하고 말이다. 직장생활과 육아를 병행하며, 주말에는 아이들을 어디로 데리고 가야 할까, 무슨 체험을 하게 해줄까 하는 생각으로 일주일, 한 달, 1년을 나를 돌볼 틈도 없이 살았다. 지금에 와서 생각해보니, 그런 엄마의 모습이 아이들에게 편안하고 안정감을 줬을까 싶다.

《아이 뇌를 알면 진짜 마음이 보인다》의 저자 오쿠야마 치카라(奧山力)는 <부족한 부모가 돼야 하는 이유>라는 글에서 "아이가 스스로 깨달을 수 있도록 부모는 조력자가 돼야 한다. 사춘기 전까지 부모가 아이에게 가르쳐야 하는 것은 '있는 그대로 자신을 수용하기' 이외에도 중요한 것이 있습니다. 그것은 바로 '나는 무엇을 할 수 없는지'가 아니라, '얼마나 할 수 있는지'를 깨닫게 하는 것입니다"라고 말한다. 그러면서 "그렇다면 부모는 어떻게 아이를 깨닫게 할 수 있을까요? 그것은 바로 '스스로 획득했다'라는 감각을 갖게 하는 것, 즉 아이에게 성취감을 느끼게 하는 것입니다. 그러기 위해서는 부모는 전면에 나서면 안 됩니다. 서포트를 하고 있다는 것을 아이가 알지 못하도록 '부족한 부모' 정도가 적당합니다"라고 덧붙인다.

또한 이렇게 깨달음을 준다.

“부족한 부모인 편이 아이도 안심하고 자기 주도적으로 모든 것을 행할 수 있습니다. 아이가 안정감을 갖는 데 ‘완벽한 부모’는 오히려 방해가 됩니다. 훌륭하고 존경할 만한 부모는 아무리 상냥하게 보여도 아이는 쉽게 말을 걸지 못합니다. 왜냐하면 아이는 부족한 자신이 훌륭한 부모의 마음을 아프게 할지도 모른다는 생각을 하기 때문입니다. 그래서 아이를 위해 조금은 부족한 부모가 되어야 하는 것이죠. 다만 부족한 것에도 정도가 있기 때문에 적당한 정도로만 빈틈을 보이는 것이 좋습니다.”

딸아이와 제주도 여행 중에 있었던 일이다. 보통은 내가 항공권과 숙소 및 일정을 모두 계획한다. 엄마가 가고 싶은 곳과 아이들이 가고 싶어 하는 곳을 위주로 일정에 넣어 계획을 짠다. 그러나 이때는 계획을 따로 하지 않고, 첫날 숙소만 정해놓고 무작정 출발했다. 숙소와 일정을 정해놓고 떠나지 않으면 불안한 나는 그날따라 ‘그냥 떠나고 싶다’라는 생각만으로 집을 나선 것이다. ‘걱정은 나중에 하자. 부딪치면 다 하겠지’라는 생각으로 말이다.

“딸, 엄마가 첫날 숙소만 예약했어. 일정이랑 내일 숙소도 정해야 해. 좀 도와줘. 우리 딸이 내일 묵을 호텔 좀 찾아줄래?”

무계획 성향의 딸은 갑자기 눈빛이 달라지더니 들뜨기 시작했다. 본인이 뭔가를 한다는 기대감에 적극적으로 찾기 시작했다. 이렇게 적극적인 모습을 본 적 없었기 때문에 나도 새로운 기분이 들었다.

"엄마, 가격은 어느 정도에서 찾아야 해? 엄마, 이 호텔 어때? 아니면 이 펜션은 어때? 리조트도 찾았어. 이 펜션은 방도 2개고, 거실도 있고, 오션뷰래. 바다 바로 앞이라 엄마가 좋아할 것 같아. 가격도 안 비싸고 괜찮아."

"그래? 엄마 좀 보여줘 봐. 너무 좋은데? 이걸로 예약할게."

그렇게 하루 일정을 마치고, 딸이 찾은 펜션에 체크인을 했다.

"딸, 이렇게 좋은 데를 어떻게 찾았어? 너무 좋다. 방도 넓고, 깨끗하고, 침대가 커서 3명이 다 같이 자도 되겠어."

자기 자신이 찾은 펜션에서 하루를 보내게 된 딸은 스스로 너무나 만족한 표정이었다. 그래서 그런지 그전과는 전혀 다른 태도로 여행 내내 즐거워했다. 물론 그전에도 여행을 즐겁게 보냈지만, 뭔가 다른 자신감과 이 여행을 주도하고 있다는 마음이 딸아이의 눈빛을 빛나게 만들었다. 나는 계획 없이 떠난 여행이 아이에게 불편함을 주지나 않을까 걱정했다. 하지만, 그 부족한 부분을 딸아이가 채워줌으로 인해서 딸아이는 자신의 역할을 다했다는 성취감에 더욱 행복한 여행을 경험하게 됐다.

나는 오늘 하루를, 일주일을, 그렇게 한 달을, 1년을 숙제하듯 살아내고 있었다. 인생을 숙제처럼 살았다는 것이다. 그러니 피곤함, 무기력감은 기본이고, 에너지가 항상 부족했다. 나는 에너지가 부족하다고 느낄 때는 생존 본능으로 혼자만의 시간을 찾는다. 혼자 있는 시간에 에너지를 충전할 수 있는 사람인 것이다. 다른 사람들과 있으면 에너지가 빠져나가는 느낌이다. 내가 스스로 시간을 만들지 않으면 혼자 있는 시간을 만들기가 쉽지 않다.

낮에는 회사에서, 저녁에는 집에서, 그러다 보면 주말에 나만의 시간을 만들려고 애쓴다. 하지만 주말에 오는 남편은 주말에 온 가족이 모두 함께 있기를 바란다. 주중에 일하고, 아이들을 케어하고, 주말에는 남편까지 있다고 생각하면 주말에 쉬는 게 휴식이라는 생각이 들지 않는다. 주말이라도 아이들이 아빠를 잘 따라주면 좋으련만, 가끔씩 보는 아빠를 편하게 받아들이지 못한다. 아빠가 있어도 엄마만 찾는 아이들을 외면할 수가 없어 혼자만의 시간을 포기할 때가 많다. 이런 생활을 반복하다 보니 감정과 체력이 모두 지쳐 있는 상태가 된다. 그러나 나는 스스로 그런 상태임을 인지하지 못하고 있었다. 그러면 그 부정적 에너지는 고스란히 아이들에게 가는 것이다. 무슨 말을 해도 웃지 않는 엄마, 항상 무표정인 엄마, 항상 피곤해하는 엄마, 활력이 없는 엄마, 항상 바쁜 엄마의 모습으로만 기억하게 된다.

그러던 어느 주말, 오랜만에 쉬어야겠다고 생각했다. 그런데 나는 쉰다고 생각하고 무언가를 하고 있었던 모양이다.

"엄마, 쉰다면서. 지금 쉬는 거야? 쉰다면서 뭐 하고 있는 거야? 왜 엄마는 쉬지를 못해?"

"엄마 지금 일 안 하고 있는데? 그럼 쉬는 거 아니야?"

"헐. 쉰다는 건 편하게 누워 있기도 하고, 드라마 보고 싶은 것도 보고, 음악도 듣고, 영화도 보고, 뭐 그러는 거지. 내가 보기엔 엄마는 쉬는 게 아니야. 엄마, 좀 쉬어봐."

《우리 아이, 스티브 잡스처럼》의 김태광 작가는 <인생은 숙제가 아니라 축제임을 알게 하라>라는 글에서 이렇게 말하고 있다.

"세상에는 인생을 숙제하듯 사는 사람도 있고, 축제하듯 즐겁게 사는 사람도 있다. 두 부류 중에서 누가 더 행복한 인생, 성공하는 인생을 살 확률이 높을까? 물론, 후자다. 이들은 현실이 아무리 팍팍해도 부정적인 면보다는 긍정적인 면을 먼저 보고, 즐겁게 살려고 노력한다. 그렇다. 세상에 태어나면서부터 용감한 사람은 없고, 스스로 용감하다고 믿는 사람이 용감하듯이, 어떤 어려움이 닥쳐도 스스로 행복하다고 믿는 사람은 행복하다. 자신의 삶에 적극적으로 달려들어 고난을 헤쳐 나가고, 원하는 것에 가까이 갔을 때 사람들은 진정한 기쁨을 느낀다."

"나는 이 글을 읽는 엄마들에게 아이가 인생을 축제처럼 살기 바란다면, 자신부터 그렇게 해야 한다는 말을 들려주고 싶다. 아이는 매일 엄마의 일거수일투족을 보며 생활한다. 따라서 엄마가 늘 지친 표정으로 살아간다면, 아이의 삶 역시 우울해질 수밖에 없다. 그럴 때 아이의 뇌리에는 무의식중에 '인생은 괴로운 것'이라는 인식이 새겨지게 마련이다. 내 아이가 인생을 즐겁고 행복하게 살기를 바란다면, 오늘 당장 아이에게 기쁘고 즐거운 표정을 보여주자. 엄마의 행복은 거짓말처럼 아이에게 그대로 전염된다. 아이는 즐겁고 행복한 표정을 짓는 엄마의 얼굴을 보면서 어떤 자세로 인생을 살아야 하는지 스스로 깨닫게 된다."

딸아이가 인생을 괴로운 것으로 생각하면서 숙제처럼 살아내기를 바라는 엄마는 없을 것이다. 당연히 나도 딸아이가 행복하기를 바란다. 나의 인생도 행복하기를 바란다. 행복하기 위해 살고 있다. 하지만 엄마가 감추려고 애를 써도 아이들은 느낌으로 알 수 있는 것 같다. 엄마가 보여주는 즐겁고 행복한 표정이 딸아이가 인생을 바라보는 표정이 된다. 엄마가 느끼는 기분과 감정 또한 아이들도 고스란히 느끼게 된다. 엄마의 행복이 아이에게 그대로 전염될 수 있도록 엄마는 엄마의 기분과 감정 상태를 먼저 돌봐야 할 것이다.

# 딸의 말투보다
# 말의 내용에 집중하자

딸아이의 말투가 귀에 거슬린다 싶으면 딸아이가 하는 말의 내용에는 집중할 수가 없다. 말의 내용에는 관계없이 말투에만 집중되기 때문에 아이의 말을 듣기보다는 말투를 지적하게 된다. 엄마가 말투를 지적하는 순간, 딸아이는 자기 말은 들어주지 않고 지적만 하는 엄마에게 불만이 더해져서 말투가 더 거칠어지게 되는 것이다. 그러면 여지없이 대화의 중심이 내용에서 말투로 바뀌어 엄마와 딸의 불협화음이 시작된다.

주말이 되면, 자연스럽게 늦은 아침 겸 이른 점심을 먹게 된다. 엄마인 나와 딸도 학교생활, 직장생활의 긴장감을 풀 수 있는 시간을 갖는다. 하지만, 주말이라도 식사를 함께하고 싶은 마음으로 딸아이를 깨우게 된다.

"딸, 밥 같이 먹자."

"왜 벌써 깨워? 더 잘래."

"주말이라도 함께 밥 먹으려고 그러지."

"학교 갈 때는 매일 일찍 일어나잖아. 주말이라도 좀 마음대로 자게 놔둬. 엄마는 마음대로 하면서 나는 왜 늦게 일어나면 안 되는데?"

"밥 같이 먹자고 하는 건데, 말투가 왜 그래? 공손하게 말하면 안 되니? 엄마랑 말할 때 말투가 너무 버릇없어."

주말이라도 같이 밥 먹고 싶은 마음에 아이를 깨웠다. 그런데 대화의 주제가 함께 식사하는 것에서 딸아이의 말투에 대한 문제로 바뀌면서 대화가 어긋나기 시작했다. 대화의 중심은 내용이라는 사실은 당연하다. 하지만 사춘기 딸아이의 말투가 귀에서 거슬리는 순간, 귀뿐만 아니라 들어야 한다는 마음도 닫혀버린다. 엄마는 아이의 말투를 화두로 아이의 인격이나 태도의 문제로 확대해 공격적인 말을 하게 된다. 딸아이는 주말 아침에 더 잠을 자고 싶다는 것이 핵심이다. 그러나 엄마는 그 사실은 뒤로하고 말투에만 집중해서 서로에 대한 감정이 상하게 되는 것이다. 아이와 이야기를 나눌 때, 사실을 중심으로 받아들여야 한다는 것을 모르는 엄마는 없을 것이다. 그러나 사춘기 아이의 말투를 듣는 순간, 모든 이성이 마비되듯 말투에만 온갖 집중된다.

주말에 딸아이는 친구들과 약속이 있다고 했다. 친구와 함께 놀다 온다며 나가는 딸을 보고, 아빠는 아이의 옷차림과 화장이 마음에 안 들었는지 한마디 했다. 딸아이의 자유로운 옷차림과 화장한 얼굴을 본 아빠는 겉으로 드러나 보이는 대로 판단하고, 불량 학생이냐는 지적을 한 것이다. 그 말을 들은 딸아이는 자신을 불량 학생이라고 표현하는 아빠의 말에 공격적인 말투로 변했다. 아빠는 공격적인 말투로 변한 딸아이에게 말투가 버릇없다고 다시 한번 지적했다.

"딸, 어디가? 옷이 그게 뭐야? 화장은 또 뭐고."

"옷이 어때서?"

"바지가 너무 짧고, 중학생이 화장이 너무 진하잖아. 너 무슨 불량 학생이야?"

"불량 학생? 바지 짧은 것하고, 화장 진한 것하고 무슨 상관이야?"

"그러고 돌아다니면, 사람들이 너를 불량 학생으로 봐."

"아빠가 요즘 애들 봤어? 요즘 다 이렇게 하고 다녀. 아빠가 뭘 안다고 그래? 아빠는 알지도 못하면서, 꼰대처럼."

"아빠한테 무슨 말버릇이야?"

사춘기 딸아이는 말투와 옷차림, 화장 등을 이유로 지적받으면 공격적인 태도로 변하는 경향이 있다. 자존심에 상처받았다고 생각하는 것일까? 사춘기 딸아이는 겉으로 보여지는 겉모습으로 자신의 모든 것을 판단하지 않기를 바란다. 그러나 부모는 자녀의 말투나 겉모습만 보고 지적을 하게 되는 것이다. 부모는 자녀의 말투나 겉모습만 보고 지적하기보다는 부모가 바라는 바를 솔직하게 이야기해야 한다. 자녀가 원하는 바와 부모가 원하는 바를 솔직하게 사실 중심으로 대화해야 한다. 말투와 행동을 어느 정도까지 부모가 허용할 것인지, 어느 정도부터는 고치도록 해줘야 할 것인지를 말이다. 지적과 비난이 아닌 사실 그대로를 대화로 풀어야 한다.

금요일 저녁이면, 딸아이의 아빠가 집에 온다. 퇴근 후 집에 들어오자마자 딸아이의 방으로 간다. 주말에 오는 아빠는 그동안 보고 싶었던 딸의 얼굴을 보고, 손이라도 잡고 싶은 마음에 제일 먼저 딸아이 방으로 달려가는 것이다.

"아빠 왔어. 손 좀 잡자, 우리 딸 보고 싶었어."

"노크 좀 하고 들어와."

"아빠 왔는데 인사도 안 해?

"다녀오셨어요. 인사했으니까 빨리 나가."

"일주일 만에 왔는데 손도 안 잡아줘? 뽀뽀도 안 해주고? 어렸을 때는 뽀뽀도 잘 해줬는데, 이젠 안 해주네? 우리 딸 변했어."

"그때는 어렸을 때고, 옛날이야기 좀 그만해."

"버릇없이 말투가 그게 뭐야?"

딸아이는 아빠가 방에 들어오는 것을 불편해한다. 들어오는 것도 그렇지만 손잡는 것도, 말 시키는 것도 불편해하는 눈치다. 나도 충분히 딸아이의 마음이 이해된다. 하지만, 일주일 만에 딸을 보는 아빠한테는 사춘기 딸과 거리두기가 쉽지 않다는 것도 이해한다. 아직도 아빠 눈에는 딸아이가 여전히 어린아이로만 보이고, 어린 시절 장난치며 뒹굴고 놀던 때가 그립기만 한 것이다. 그래서 아이만 보면 장난치고 농담하며 옛날이야기를 하면, 딸아이는 기겁하고 도망

가버린다. 그런 딸을 보고도 아빠는 장난으로 받아들이기 때문에 딸은 더 멀리하려고 한다. 반면에, 아빠는 자신을 받아주지 않는 딸아이가 서운한 마음에 버릇없다고 지적한다. 딸아이 입장에서는 하지 말라는데도 아빠 마음대로 장난쳐놓고 싫다고 뿌리치면 버릇없다고 지적하니 더 짜증을 내는 것이다. 이런 악순환이 주말마다 반복되니 지켜보는 엄마로서는 답답할 노릇이다.

딸아이는 아빠가 싫은 것이 아니고, 어린아이로 취급받는 것이 싫은 것이다. 사춘기 딸은 신체적으로 변한 자기 몸도 어색하고 어딘지 모르게 불편한 것이다. 아빠와 신체적으로 접촉하는 상황을 피하고 싶은 마음에 불쾌한 감정을 표현해 자신을 보호하려는 마음이 클 것이다. 아빠는 눈치 없게도, 아빠에게 매달려 놀던 딸 대신 말만 걸면 예민한 말투로 대하는 딸이 서운할 것이다. 각자 서로의 입장이 다를 뿐이다.

《못 참는 아이 욱하는 부모》의 오은영 박사는 <부모에게 한마디도 지지 않고>라는 글에서 "인간관계는 늘 작용과 반작용이다. 어떤 자극이 들어가면 그에 맞는 반응을 보이는 것이 인간이다. 지나친 말대꾸도 그런 것일 수 있다. 아이의 말대꾸가 지나치다면, 부모가 아이에게 주는 자극에 뭔가 지나친 것이 있는 것이다"라고 말한다. 그러면서 "누가 무엇을 더 잘못했든 간에 작용과 반작용을 바꾸고 싶다면, 동기가 있는 사람이 먼저 바꾸어야 한다. 내가 주는 자극이 다르거나 그 사람이 주는 자극에 대한 나의 반응이 달라지면, 그 사람도 바뀌게 된다"라고 덧붙인다.

또한 이렇게 깨달음을 준다.

"아이의 말대꾸가 정말 고민스럽다면, 부모인 내가 주는 자극을 바꾸어야 한다. 내가 이렇게 했더니 아이가 꼭 말대꾸를 한다면, 이전과 똑같이 대하면 늘 결과는 같다. 바꿔야 한다. 바꿔서 효과가 없으면 또 바꿔야 한다. 아이에게 문제점이 보일 때, 부모가 먼저 개선하려고 노력해야 한다. 그것이 부모다. 그것이 우리 어른들의 자세다."

나는 언제나 아이가 바뀌기를 바라면서 바뀌기를 바라는 점을 찾아 지적만 했다. 특히 아이가 하는 말을 듣다 보면 태도와 말투를 지적하기 바빴다. 아이는 엄마가 지적하는 순간, 하고 싶은 이야기도 제대로 하지 못하고 말투와 태도가 더 거칠어질 뿐이었다. 나는 엄마가 주는 이런 자극을 바꿔야 한다는 생각을 하지 못했다. 이런 자극을 없애려고 노력하고, 그렇게 개선하려고 노력한 후에 아이의 변화를 기대해야 할 것이다. 엄마가 먼저 변해야 아이의 거친 말투나 태도도 자연스럽게 달라지지 않을까? 아이의 말투와 태도보다 아이가 하는 말의 내용에 집중해야 할 것이다.

# 뒤돌아 후회될 말을 하지 말자

당신은 사춘기 딸아이에게 후회될 말을 하고 있지 않는가? 모든 엄마는 딸아이가 자신이 하고 싶은 일을 하면서 행복하고, 부유하게 살기를 진심으로 바란다. 그런데 정작 아이에게 하는 말은 엄마의 바람과는 정반대되는 말을 한다. 딸아이가 가진 장점과 우수한 면을 칭찬하고 더 잘할 수 있게 하는 것이 아니라, 지금 보여지는 아이의 부족한 면, 단점을 찾아 그 부분을 어떻게든 극복해서 부족한 면이나 단점 없이 모든 면에서 우수하기를 바란다. 그런 이유에서 현재 아이의 부족한 면을 보고 아이를 판단하게 되고, 그 판단으로 아이를 다그치고, 질책하는 말을 하게 되는 것이다.

아이의 현재 상태만 보고 아이를 평가하는 것은 너무나 위험하다고 생각한다. 현재 가진 능력이 부족하다고 해서 미래에도 부족할 것이라고는 할 수 없다. 또한 현재 가지고 있는 장점과 우수한 면을 단점과 부족한 면을 극복하기 위해 방치한다면, 장점과 우수한 면이 계속 유지될지 아무도 모르는 것이다. 현재의 장점과 우수한 점으로 평가됐던 것이 미래에도 장점과 우수한 점으로 평가될 만한 것인지도 장담할 수 없다. 급변하는 사회에서 미래가 원하는 능력인지, 아니면 AI에 대체되는 능력이 될 수도 있다는 것은 아무도 모르기 때문이다. 그럼에도 불구하고, 아이의 잠재력을 무시한 채 현재 능력만을 가지고 아이를 평가하는 오류를 범하면 안 될 것이다.

우리가 잘 알고 있는 천재 발명가 토머스 에디슨(Thomas Edison), 천재 물리학자 알버트 아인슈타인(Albert Einstein), 애플 창시자인 스티브 잡스(Steve Jobs), 전기차와 우주여행 시대를 연 테슬라와 스페이스 X의 일론 머스크(Elon Musk) 등 잘 알려진 위대한 인물들이 어린 시절에는 모두 문제아였다는 사실이다. 그럼에도 불구하고, 그들은 자기 분야에서 모두 최고가 되지 않았는가.

에디슨은 어린 시절 주의가 산만해 담임 선생님조차 '혼란스러운 녀석'이라고 불렀고, 초등학교에서 3개월 만에 퇴학당했다. 하지만 전직 교사였던 어머니는 낙심하지 않고 직접 홈스쿨링하며 에디슨의 장점을 찾아 장점을 살리는 교육을 했다. 에디슨의 장점인 집중력과 열정, 끈기를 살려 발명왕으로 키워낸 것이다. 에디슨은 당시를 회상하며 "어머니가 자신을 만들었고, 자신에 대한 신뢰가 있었기에 어머니를 실망시키지 않는 인생을 살아야겠다"라고 했다.

아인슈타인은 말 배우는 것이 늦었고, 3살이 되도록 말 한마디를 하지 못했다. 초등학교에 입학했을 때는 독일어가 어눌했으며, 약간의 자폐성 증상이 있어 친구들로부터 따돌림당했다. 학창 시절 아인슈타인은 학업 성적이 좋지 못했고, 성적 기록부에는 “이 아이는 추후에 어떤 것을 해도 성공할 가능성이 없어 보인다”라고 기록되어 있었다. 이를 본 어머니는 “너는 다른 아이들이 가지고 있지 않은 장점이 있을 거야. 이 세상에는 너만 할 수 있는 일이 너를 기다리고 있어. 그 길을 찾아가기만 하면 돼”라고 말했다. 아인슈타인의 어머니는 아인슈타인이 남보다 모든 것을 잘하기를 바라지는 않았다. 그저 평범하면서도 남과 다른 재능 하나면 충분하다고 생각했다.

세계 1위 기업이 된 애플을 만든 스티브 잡스도 역시 학창 시절에는 사고뭉치였다. 그는 어린 시절 자신의 입양 사실을 알게 된 후 충격에 빠졌고, 초등학교 시절에는 학교에 잘 나가지 않았으며 짓궂은 말썽을 피워 귀가 조치를 당하기도 했다. 하지만 양아버지는 아들을 혼내지 않았고, 오히려 학생이 공부에 흥미를 가지지 못하는 것은 선생님의 잘못이라고 반박하며 스티브 잡스를 믿어줬다. 학교에서는 그를 진심으로 보듬어줬던 교사 덕분에 스티브 잡스는 조금씩 공부에 열중하기 시작했다. 그리고 우수한 성적으로 월반했다. 그는 집안 형편 때문에 대학에 진학하고 싶지 않았지만, 입양 당시 친어머니와 했던 서약 때문에 진학해야만 했다. 하지만 비싼 학비에 대해 죄책감을 느꼈고 중퇴를 했다. 스티브 잡스는 자신을 믿어주고 관심을 기울여준 선생님과 양부모 덕분에 평범하게 대학을 졸업하지 않고, 진정으로 자기가 원하는 삶을 살았다.

테슬라와 스페이스 X의 최고 경영자 일론 머스크는 어린 시절 다른 사람의 실수를 끊임없이 지적해서 바로잡고 싶어 했고, 눈에 거슬리는 행동을 해서 친구들이 가까이하지 않아 외로움이 컸다. 이런 성격 탓에 학교에서 심한 괴롭힘에 시달렸고, 계단에서 밀려 굴러떨어진 뒤 의식을 잃을 때까지 맞아 병원에 입원한 적도 있었다. 이 일로 그는 결국 다른 학교로 전학을 가야 했다. 일론 머스크는 그렇게까지 공부를 잘하지는 못했지만, 수학, 컴퓨터 쪽의 재능과 비상한 기억력을 가진 학생이었다.

앞서 살펴봤듯이 한 분야에서 위대한 업적을 이룬 사람들의 어린 시절을 보면, 그들의 어린 시절은 완벽할 것 같지만, 모두 문제아였다는 공통점을 찾을 수 있다. 그럼에도 그들의 부모는 아이의 현재 상태만을 보고 판단하지 않고, 내재되어 있는 잠재력을 깨우기 위해 노력했다. 그들의 부모에게서도 공통점을 찾을 수 있다. 그들은 절대로 아이의 단점을 들춰내서 비난하거나 질책하지 않았고, 오히려 아이를 믿어주고, 아이의 현재 상황에 맞게 아이 스스로 내재된 잠재력을 끌어낼 수 있는 환경을 만들어줬다는 것이다. 그러한 부모들 덕분에 그들은 자신감을 잃지 않고 그런 상황을 극복할 수 있었다.

아이의 성공을 바라는 대부분 부모는 아이의 단점을 어떻게 해서라도 극복해보려고 아이를 다그치는 오류를 범한다. 아이에게 자극을 주어 극복할 수 있으리라 생각하는 것이다. 하지만 그 자극이 아이에게 긍정적인 생각과 말이 아닌, 부정적인 생각과 언어일 때 아이에게는 자극이 아니라 자신감을 떨어뜨리는 행위가 되고 만다. 따라서 아이의 현재만을 보고 아이를 평가하는 어리석은 짓을 범해서는 안 된다. 아이 안에 내재되어 있는 잠재력은 '미래'에 발현되는 것으로서, 그러한 잠재력을 끄집어내기 위해서는 잠재성을 충분히 발현시킬 수 있는 방향으로 이끌어야 한다.

《왓칭, 신이 부리는 요술》의 김상운 작가는 <왜 바라보는 대로 변할까?>라는 글에서 "이 세상에 존재하는 모든 것들은 당신의 속마음을 귀신처럼 속속들이 읽어낸다. 그리고 그 속마음이 바라보는 대로 변화한다. 몸이건 물이건 밥이건 쇠붙이건 가릴 것 없이 말이다. 그렇다면 이런 현상은 도대체 왜 일어나는 걸까?"라고 질문한다. 그러면서 "눈에 보이는 것이든 안 보이는 것이든, 만물은 죄다 미립자가 최소 구성 물질이다. '만물이 내 마음을 척척 읽어내는 미립자들로 만들어져 있으니 내가 바라볼 때마다 변화할 수밖에 없는 거로군!' 정말 기막힌 요술 아닌가? 온 세상이 당신이 바라보는 대로 춤을 추다니! 당신 인생은 정말 당신 스스로가 창조하는 것이다. 이처럼 실험자가 미립자를 입자라고 생각하고 바라보면 입자의 모습이 나타나고 물결로 생각하고 바라보면 물결의 모습이 나타나는 현상을 양자 물리학자들은 '관찰자 효과(observer effect)'라고 부른다. 이것이 만물을 창조하는 우주의 가장 핵심적인 원리다"라고 이야기한다.

이 세상의 모든 만물이 미립자들로 만들어져 있고, 그 미립자들은 내가 바라보는 대로, 내가 생각하는 대로 춤을 춘다고 한다. 내가 그동안 '현재' 아이의 단점과 고쳐야 할 점, 부족한 점을 바라보고 아이에게 했던 말들이 생각난다. 내가 생각하는 대로 아이의 몸을 이루는 미립자들이 움직였을 거라고 생각하니까 너무도 소름이 끼쳤다. 내가 생각하고, 내뱉은 말들이 나의 바람과는 정반대되는 현재 상태만을 판단한 부정적이고, 후회될 말들이었기 때문이다. 엄마가 사춘기 딸에게 한 후회될 말들은 나중에 후회를 낳는다는 사실을 기억하자. 딸아이의 현재 모습이 아이의 미래 모습이 아닌 것은 확실하다. 내가 바라는 딸아이의 모습을 상상하며, 생각하고, 바라봐주면 엄마의 긍정적이고 창조적인 생각으로도 딸아이의 미래를 창조할 수 있다고 믿는다.

아이들이 각각의 개성을 키우고 자기다운 삶을 살 수 있으려면 어른들이 아이들의 능력을 제한해서는 안 된다. 후회될 말을 하기보다는 어떻게 하면 장점을 살릴 수 있을지 고민하고 실천해야 한다. 장점이 없는 아이는 없으니까.

# 사춘기 딸이 더 힘들다는 것을 잊지 말자

사춘기와 갱년기, 누가 더 힘들까? 딸아이의 사춘기 증상이 보이기 시작할 무렵, 나는 문득 '사춘기와 갱년기가 싸우면 누가 이길까?'라는 의문이 생겨 네이버에 검색해봤다. 대부분 갱년기가 이긴다는 이야기가 다수였다. 그런 이유로, 머지않아 나도 갱년기가 되면 딸아이에게 사춘기가 와도 걱정 없겠다고 생각했던 적 있다. 갱년기가 되기 전부터 챙겨 먹어야 할 영양제, 조심해야 할 식습관, 해야 할 운동 및 하지 말아야 할 운동 등 여러 가지 정보를 찾으면서 갱년기 대비를 위해 공부했다. 그러면서도 딸아이의 사춘기에 대해서는 미리 준비해본 적 없는 것을 깨달았다. '사춘기'는 나이가 되면 으레 치르게 되는 성장의 한 과정쯤으로 여긴 것이다.

딸아이가 사춘기가 되어서 보이는 사춘기 증상들이 엄마에게는 당황스럽고 낯설지만, 엄마니까 당연히 버겁고 힘들어도 참고, 견뎌

내줘야 하는 과제로만 생각했다. 그런데 실제로 아이의 사춘기가 시작되고, 딸아이의 달라진 눈빛을 보고 나니 가슴이 철렁해졌다. 더군다나 엄마와의 대화에서 짜증만 내고, 거친 말투에 대들기까지 하면 엄마로서 부족한 점이 있는 것인가 하는 자책감마저 들었다. 딸아이의 종잡을 수 없는 감정 변화에 속수무책 보고만 있어야 하는 나를 발견하고 무력감도 느꼈다.

휴대폰 갤러리 속 사진을 정리하다가 딸아이의 신생아 사진부터 초등학생까지의 사진을 보게 됐다. 사진을 하나씩 넘길 때마다 떠오르는 추억들에 나도 모르게 입가에 미소가 지어졌다. 그 사진들 중에 한 장을 딸아이에게 카톡으로 보내줬다. 딸아이도 엄마랑 같은 추억을 기억하고 있을 것으로 생각했기 때문이다. 딸아이는 방에서 수학학원 숙제를 하고 있다가 사진을 받은 모양이다. 딸아이는 다니던 수학학원에서 중3 여름방학 동안 예비고1 수학 특강을 들어야 한다고 해서 특강을 추가로 듣고 있다. 그래서 수학 숙제가 2배가 된 것이다. 엄마가 보내준 사진을 본 딸아이가 말했다.

"엄마, 이 사진 아직도 가지고 있어?"

"당연하지. 딸도 기억나?"

"나도 당연히 기억나지. 다시 돌아가고 싶다."

"왜? 엄마는 지금도 우리 딸 너무 좋은데."

"그냥 … 지금은 해야 할 게 너무 많아."

"커갈수록 그렇지. 그래도 어른이 되면 자유롭잖아."

다시 돌아가고 싶다는 딸아이의 말에 가슴 한구석이 이상했다. 나도 딸아이의 어린 시절 사진을 보면서 '다시 돌아가면 좋겠다'라는 생각을 똑같이 했기 때문이다.

'내가 느끼는 감정을 너도 똑같이 느끼고 있었구나!'

사춘기 딸아이를 대하면서 느끼는 힘들고 어려운 감정이 오로지 나만 그렇다고 생각했다. 딸아이는 짜증이 나면 짜증을 내고, 마음에 안 들면 당당히 '싫다' 하고, 하기 싫으면 안 하고, 자고 싶으면 자고, 하고 싶은 대로 다 하고 있어서 힘들지 않을 것으로 생각했다. 그래서 사춘기 딸보다 사춘기 딸을 키우고 있는 엄마들만 힘들다는 편견을 가지고 있었던 것이다. 그런데 정작 당사자인 사춘기 딸도 삶의 무게가 늘어나는 만큼 고스란히 무게로 느끼고 힘들어하고 있었던 것이다. 딸아이가 하고 싶은 대로 다 하고 있다고 생각한 것은 나의 착각이었던 것이다.

《내 아이의 속도》의 박명자 작가는 <사춘기, 어른이 되기 위한 성장통이다>라는 글에서 "아이들이 겪는 사춘기를 임신부의 '입덧'과 같은 것으로 생각하면 아이들을 이해하는 데 훨씬 도움이 된다는 것이다. 입덧이 임신부의 몸속 호르몬 변화로 나타나는 것처럼, 사춘기는 청소년의 대뇌 전두엽이 급속하게 발달하면서 나타나기 때문에 둘 다 스스로 조절하기 어렵다는 것이다. 또, 입덧은 개인에 따라 심하게 나타나기도 하고 약하게 나타나기도 한다는 점, 입덧을 하면 예민해지므로 주위에서 신경을 써주어야 한다는 점, 입덧은 시간이 지나면 사라진다는 점 등이 사춘기와 비슷하다"라고 말한다.

사춘기 딸아이는 짜증을 냈다가도 금방 "엄마, 마라탕 먹고 싶어" 하며 아무렇지도 않게 이야기한다. 그러다가도 "나 데이터 왜 안 늘려줘? 나만 데이터 없어서 밖에서는 핸드폰 못한단 말이야"라며 또 짜증을 낸다. 감정의 기복이 맥락 없이 흘러가는 것을 보면 황당할 때가 많다. 사춘기 아이들의 '대뇌 전두엽'이 급속하게 발달하면서 스스로 조절하기 어려운 상태라고 하니 이제까지 황당하게만 느껴졌던 부분이 조금은 이해가 간다. 한편으로는 그러한 상태를 고스란히 감당하고 있을 당사자인 딸아이가 대견하게 느껴진다.

딸아이는 요즘 야구장에서 야구 관람하는 것을 좋아한다. 야구장이 집에서 멀기 때문에 집에서 텔레비전으로 야구 중계를 볼 만도 한데 말이다. 그 먼 거리를 직관하려고 친구랑 가는 모습을 보면 '딸아이가 진심으로 즐거워하는구나'라는 느낌을 받는다. 나는 딸아이가 집에서 스마트폰 하면서 침대에 누워 뒹굴뒹굴하지 않는 것만으로도 박수 쳐주고 싶다. 그동안 재미있는 게 없다며 스마트폰만 붙들고 있었기 때문이다. 또한, 공부하든 안 하든 학습으로 인한 스트레스를 풀 수 있는 관심거리를 찾았다는 게 반가운 일이 아닐 수 없다.

"엄마, 나 야구가 너무 재미있어. 야구 유니폼 입고 응원해야 하는데, 사주면 안 돼?"

"야구를 보는데 유니폼이 왜 필요해?"

"응원하는데 입어야지. 친구들 다 입었어."

"그래? 꼭 필요한 거야?"

"친구 엄마들은 다 사줬단 말이야."

나는 딸아이 친구들의 엄마들에 비하면 나이가 많은 편이다. 그래서 그런가? 딸아이 친구 엄마들은 다 해준다는데 왜 나는 이해가 안 될까? 나이가 많아서 내가 그들을 이해 못 하는 것인지, 세대 차이인 것인지 가끔 그런 경우가 있다. 나는 이해가 안 되는 일이지만, 딸아이 친구 엄마들에게는 문제가 안 되는 것들이 종종 있다. 그러면 친구 엄마들이 해주면 엄마도 무조건 해줘야 하는 것이냐고 또 말다툼으로 이어진다. 본인은 친구들과 비교하는 것을 싫어하면서 엄마는 왜 다른 엄마들과 비교하냐고 서로의 의견을 내세우기 바쁘다. 이렇게 하다 보면, 야구 유니폼으로 시작해서 엉뚱한 주제로 대화의 본질을 잃어버리고 만다.

《오늘 행복해야 내일 더 행복한 아이가 된다》의 저자이자 악동뮤지션의 엄마, 아빠인 이성근, 주세희 작가는 글에서 "아이들을 키우면서 가장 중요하게 생각했던 것은 '좋은 가치'를 길러주는 것이었다. 사람이 어떤 가치를 가지고 사는가에 따라 그 사람의 인생도 달라진다고 믿기 때문이다. 가장 중요한 가치는 '무엇이 나를 행복하게 하는가'에 대한 자기 자신의 대답일 것이다"라고 말한다. 그러면서 "우리는 아이들과 함께 내일 일은 내일 걱정하고, 오늘은 행복하게 살아나가려고 노력했다. '오늘도 아이들과 재미있게 잘 보냈으면 그것으로 됐다' 이런 생각으로 살았다. 아이들은 오늘을 살고 싶어 하는데, 많은 부모가 내일을 걱정하며 오늘을 준비하라고 다그친다. 이런 아이와 부모의 간극은 멀고도 깊다. 오늘을 살고 싶어 아픈 아이들의 마음을 조금만 더 헤아려준다면 아이들도 부모들도 더 행복해지지 않을까. 우리 모두 내일이 아닌 오늘 행복해졌으면 좋겠다"라고 덧붙인다.

야구장에 가는 딸아이의 행복하고 즐거워하는 모습을 보고, 내 마음 또한 덩달아 행복하고 가벼워졌다. 딸아이의 웃는 얼굴을 보는 것만으로도 행복한 감정을 느낄 수 있었다. 왜 그동안 현재의 행복을 포기한 채 내일을 걱정하고, 내일의 행복을 위해 오늘을 희생시키려고만 했는지 내 자신이 어리석게 느껴졌다. 누구를 위한 것이었을까? 분명 아이를 위해서라는 나의 욕심과 불안이었을 것이다. 오늘이 행복하지 않은데, 내일이 행복할 수 있을까? 내일은 또 내일모레를 위해 희생해야 할 텐데? 지금, 이 순간 행복한 딸아이의 얼굴이 내일의 행복을 불러올 것이라고 믿는다.

중학생, 사춘기 딸아이는 매일 성장하고 있다. 성장을 멈추지 않기 때문에 고통이 따르는 것으로 생각한다. 사춘기라서 힘들다고 말하지만, 딸아이는 충분히 행복한 기억과 추억을 만들어 간직하며 살아가고 있다. 어떤 어려운 상황을 만나도 본인 스스로 '나는 소중한 존재'라는 사실을 바탕으로 이겨낼 수 있도록 나는 딸아이 옆에서 잘하고 있다고 말해줄 것이다.

# 참아주지 말고 기다려주자

딸아이의 사춘기가 시작되고부터 나의 하루는 아침 눈뜰 때부터 모든 신경이 딸아이를 향해 있다. 딸아이를 깨우는 것부터가 만만치 않기 때문이다. 딸아이의 짜증으로 시작하는 아침은 생각만 해도 나의 에너지가 다 소모되는 느낌이다. 그래서 조금이라도 덜 짜증을 내게 하는 것이 나의 첫 임무다. 그렇게 일어나서 학교 갈 준비를 시작하기까지도 얼마나 느리게 움직이는지 지각할 것 같은 불안한 마음은 오직 엄마인 나만 느끼는 것 같았다. 나는 딸아이가 학교에 늦지 않게 하려고 등 떠밀어 등교 준비시키고, 아침밥을 먹게 하고 학교를 보낸다. 그래야 비로소 내 아침 임무는 끝나는 것이다.

나는 왜 아침부터 아이의 비위를 맞추며 스트레스를 받는 것인지, 주변 사람들에게 말하면 아이에게 문제가 있는 것이 아니고, 나에게 문제가 있는 것 같다고 한다. 누구나 아침에 깨우면 짜증이 나는 것은 당연하고, 사람에 따라 짜증을 내는 정도의 차이가 있을 뿐이지 아이가 이상한 것은 아니라고 말이다. 그리고 잠이 덜 깬 상태에서 등교를 준비하려고 뭉그적거릴 수도 있는 것인데, 빨리빨리 하지 않는 아이의 모습을 참지 못하는 엄마는 아이가 늦을까 불안해서 도와주려고 하다 보니 엄마 스스로 스트레스를 받는 것이라고 말이다.

빨리빨리 하지 않는 아이를 보며 아이를 기다려줘야 하는 것일까. 참아줘야 하는 것일까. 아이를 참아준다는 것은 내 안의 화를 누른다는 것이다. 화를 누른다는 것은 화가 없어지는 것이 아니기 때문에 참아줄수록 화가 쌓이고, 어느 순간 풍선처럼 터진다. 참는 동안 엄마는 아이를 좋은 마음으로 바라봐주는 것이 아니다. 겉으로 표현을 안 할 뿐이지 속에서 맴도는 화의 에너지는 그대로 쌓이게 된다. 아이의 행동이 바뀌지 않는 순간, 엄마가 아이를 참아주면서 억눌렀던 억울함이 화에 결합되어버린다. 그러면 아이에게 부정적인 자극을 주게 되고, 엄마가 참다못해 화를 냄으로써 그동안 참아 온 보람은 없어지게 된다. 엄마가 화를 누르며 참아주면 아이에게 부정적인 자극이 되기 때문에 아이를 기다려주는 마음으로 바라봐줘야 할 것이다.

딸아이는 신생아 때부터 정말 예민하고, 작은 아기였다. 영유아건강검진에서 항상 키 작은 아이 5% 이내에 속해 있어서 병원에서도 잘 먹이고 잘 자게 하라는 이야기를 계속 들었다. 그런 이유에서인지 나는 딸아이의 잠과 먹거리에 정말 민감했다.

초등학교 졸업할 때까지도 반에서 가장 작고, 같은 학년 친구들과 비교해 머리 하나 정도 작은 아이였다. 딸아이는 1년 어린 동생들과 성장이 같은, 늦게 크는 아이였던 것이다. 또래 아이들보다 작고 여리고 예민했기 때문에 일거수일투족 신경이 쓰였다. 그래서 아이가 이야기하지 않아도 미리미리 알아서 챙겨주고, 아이의 손발이 되어줬다. 아이가 말하기 전에, 아이를 위한다는 이유로 다 해줬던 것인데, 사실은 내 마음이 편하기 위해서였던 것 같다. 그래도 딸아이는 엄마가 도와주고, 해주는 것보다 스스로 하기를 좋아했다. 유치원을 다니고, 초등학교를 다닐 때만 해도 자기가 하겠다고, 할 수 있다고 말했다.

이런 이유에서일까? 중학생이 되어 키가 엄마를 넘어 훌쩍 커버린 딸아이는 손 하나 까딱하지 않았다. 아이가 학교에 가고 나면 나도 출근해야 하지만, 아이 방을 쳐다보는 순간 발이 떨어지지 않는다. 방바닥에 몸만 빠져나온 잠옷, 어제 입었던 옷과 양말이 널려 있고, 어질러진 책상을 보게 되기 때문이다. 그러면 나는 딸에 대한 불평을 쏟아내며 정리하곤 한다. 이 모든 것들이 딸아이가 해달라고 한 것도 아니고, 딸아이가 해주기를 바란 것도 아니다. 그냥 나 스스로 해주면서 딸아이가 스스로 하지 않는다고 불평하면서 스트레스를 받은 것이다. 딸아이가 할 수 있는 일, 해야 할 일을 엄마가 해놓고는 딸아이가 하지 않는다고 아이를 게으르고 무책임한 사람으로 단정 지은 것이다.

나는 아이들에게 요일별로 설거지하는 당번을 정해놓았다. 월, 목요일은 큰딸아이에게 화, 금요일은 둘째 사춘기 딸아이에게 설거지를 할당해줬다. 그런데 사춘기 딸아이는 항상 "이따가 할게", "숙제하고 할게", "좀 쉬었다가 할게" 하며 미루곤 한다.

"오늘은 설거지 누가 당번이야?"

"나, 밥 먹었으니까 조금만 쉬었다가 할게."

"소화도 시킬 겸 바로 설거지하면 좋잖아."

"아니야. 나도 좀 쉬어야지."

"얼마나 쉬었다가 할래? 30분 지났는데 언제 할 거야? 하기로 했으면 해야지!"

나는 이런 이야기를 나누는 시간조차 아까웠다. 이런 이야기를 하는 시간에 그냥 내가 해버리는 게 낫다고 생각했다. 그래야 다음 해야 할 일을 차례로, 계획대로 해 나갈 텐데 하면서 말이다. 설거지가 남아 있으면 다른 일이 손에 잡히지 않았다. 왜 나는 아이들에게 할 일을 줬음에도 기다려주지 못했을까? 아이들에게 맡겨두고 내 할 일을 계획대로 해도 충분했을 텐데 말이다. 나는 아이들이 해야 할 일을 제때 하지 않고 미루는 모습을 보면 답답한 마음이 들었다. 그 답답한 마음을 풀 방법이 내가 그냥 해버리는 것이었다. 아이들이 져야 할 책임을 다하지 않을 때 어떻게 아이들을 대할지 서툴렀기 때문에 선택한 방법이었던 것이다. 그리고 '언제 할래?', '빨리해야지!'라며 아이와 감정의 대립 상황을 만들고 싶지 않았다. 결국 아이는 자기가 할 일을 하지 않으면 엄마가 할 것이라는 인식을 하게 됐을 것이다. 그런 경험이 반복되다 보니 책임감을 느낄 시간조차 없게 된 것이다.

《나는 내가 좋은 엄마인 줄 알았습니다》의 작가 앤절린 밀러(Angelyn Miller)는 사랑한다면서 망치는 사람, 인에이블러(Enabler)에 대해서 "나는 아이의 기이한 행동을 받아주고, 아이를 위해 핑계를 대주고, 아이의 자질구레한 일을 대신해주고, 또 아이에게 필요한 것을 앞질러 해결해주었다. 왜 그랬을까? 인에이블러였기 때문이다"라고 말한다. 그러면서 "과거에는 종종 아이들을 도와주려는 마음에 내가 아이들의 일을 대신하고 싶어 했다. 아이들의 정체성을 부정하고 있다고는 꿈에도 생각하지 못했다. 정체성이란 감각은 각종 경험을 통해 자신이 누구인지를 발견하면서 생겨난다. 그리고 자존감은 자신이 가진 자질을 계발하면서 생겨나는 감정이다. 나는 아이들의 정체성을 빼앗았을 뿐 아니라 자존감을 조금씩 깎아내리고 있었다. 나는 내가 아이들의 의무를 떠맡음으로써 아이들이 자신들에게 가장 적합한 길을 찾지 못하도록 방해했다는 사실을 명료하게 깨달았다. 내가 가장 효과적인 방법이 아이들에게는 전혀 효과적이지 않을 수 있다는 것을 몰랐다. 아이들이 사는 세상은 내 세상과는 전혀 달랐다"라고 덧붙인다.

내가 엄마라는 이유로, 사랑한다는 이유로, 아이를 위한다는 이유로, 아이가 할 수 있는 힘을 길러주기는커녕 막고 있었던 것이다. 아이가 할 수 있는 힘을 키우도록, 할 수 있다는 기쁨을 누릴 수 있도록 기다려주지 않고 인에블러가 됐던 것이다. 딸아이가 스스로 하지 않는다고, 해야 할 일을 미루고 하지 않는다고 불평불만을 늘어놓으면서 엄마가 대신한 것은 엄마가 딸아이를 기다리지 못해 생긴 불안과 조바심에서 비롯된 것이었다.

# 또래 문화를 알아야 소통이 된다

당신은 사춘기 딸의 또래 문화를 얼마나 알고 있는가? 요즘 아이들이 하고 싶어 하고, 아이들 사이에서 당연하게 여기고 있는 것들은 부모 눈에는 허락하고 싶지 않은 것들이 대부분일 것이다. 딸아이는 내가 안 된다고 하면, "왜 나만 안 되는데?" 하면서 안 되는 이유를 묻기 시작한다. "안 된다"라는 부정적인 답변을 들은 딸아이는 말투와 표정부터 달라져서 무슨 말을 해도 받아들일 마음이 없어 보인다. 부모로부터 부정적인 자극을 받았으니 딸아이는 부정적인 피드백을 주기 마련이다.

코로나가 진행되는 동안, 딸아이는 친구들과 온라인 수업에서만 만났다. 수업이 끝나도, 주말이 되어도, 공휴일이 되어도 윗집에 사는 친구네 집에도, 앞 동에 사는 친구네 집에도 갈 수가 없었다. 남의 집에 방문하는 것 자체가 민폐인 사회적 분위기였기 때문이다. 딸아이는 온라인 수업을 하는 동안 친구랑 파파(파자마 파티)를 하고 싶다고 했다. 학교를 안 가고 집에서 온라인 수업에 참여하니까 친구들이랑 같이 자고 다음 날 수업을 참여해도 아무 문제가 없다는 것이다. 친구들은 가끔 파파를 하고 있는데, 자신만 엄마가 허락하지 않아 못 하고 있다는 것이다. 나는 코로나로 인해 집합 금지라는 이유로 파파 하는 것을 반대하고 있었다. 그런데 코로나 상황이 좋아지면서 집합 금지가 해제됐고, 이제는 마스크까지 자율인 상황이 됐다. 딸아이는 드디어 파파를 할 수 있게 됐다면서 주말에 파파를 하겠다고 했다.

“엄마, 나 친구랑 주말에 파파 할래.”

“주말에 아빠 오시는데? 아빠 안 오시는 주말에 하면 좋을 것 같은데? 방학에 하면 어때?”

“코로나라고 계속 못하게 해놓고, 지금도 안 된다고 하면 나는 언제 해? 친구들은 2번이나 했어. 나만 못하고.”

“못하게 하는 게 아니고, 적당한 날에 하라는 거야.”

“그럼 우리 집에서 파파 할 때 엄마는 나가 있을 거지? 엄마가 집에 있으면 시끄럽다고 뭐라 할 거잖아. 안 잔다고 뭐라 할 거잖아.”

"엄마가 집에서 파파 하는 거 허락했잖아. 그런데 엄마가 집에서 나가야 한다고? 전에는 그런 이야기 없었잖아. 왜 이야기할 때마다 말이 달라지니?"

솔직히 나는 딸아이가 파파 하는 것에 대해 허락하고 싶지 않았다. 그런데 딸아이 친구들은 함께 몇 번을 했던 모양이다. 딸아이만 빠지는 상황이 계속 발생하면 친구들 사이에 끼지 못하는 것은 아닐까 걱정이 됐다. 내가 중고등학교 때 수학여행, 졸업여행 중에 선생님 몰래 불 꺼놓고 친구들과 밤새 이야기하던 추억이 생각난다. 어른들 몰래 간식 먹으며 밤새워 놀던 비밀스러운 추억을 만들었다. 지금은 친구들과 두고두고 꺼내어 보는 소중한 추억거리가 됐다. 생각해보면, 딸아이는 코로나 때문에 수학여행, 졸업여행뿐 아니라 체험학습도 못 갔으니 친구들과 얼마나 파파를 하고 싶을까 하는 생각이 들었다. 딸아이 마음이 충분히 이해가 가고도 남았다. 그래서 파파 하는 것을 허락했는데, 갑자기 집에 아무도 없어야 한다는 조건을 요구하니 하게 해줘야 하나 망설여졌다.

어느 날은 딸아이가 학교가 끝나고 집에 들어오자마자 친구와 같이 사진을 찍고 온다고 했다. 저녁 먹고 바로 학원에 가야 하는데 말이다. 1시간 정도 여유 시간에 사진을 찍으러 간다니 제정신인가 싶었다.

"엄마, 나 인생 네 컷 갔다 올게."

"인생 네 컷? 지금? 저녁 먹고 수학학원에 가야 하는데?"

"가방 가지고 갈 거니까 사진 찍고 바로 학원으로 갈게."

"저녁은 어떻게 하려고? 밥 먹고 가야지."

"마라탕 먹을 거야."

"마라탕을 또 먹어?"

1시간밖에 남지 않았는데 '인생 네 컷'에 가서 사진 찍고, 마라탕도 먹고, 학원으로 곧장 간다는 것이다. 인생 네 컷까지 이동하는 시간, 사진 찍는 시간, 마라탕 먹는 시간, 다시 이동하는 시간까지 해서 1시간 안에 가능할까? 책상 서랍에 친구들과 함께 찍은 '인생 네 컷' 사진만 모아도 50장은 족히 넘을 것이다. 요즘 청소년이든 성인이든 인생 네 컷에서 사진 찍는 것이 하나의 문화인 것 같다. 나도 기회가 되어서 가족 모두 인생 네 컷에서 사진을 찍은 적이 있다. 그 사진을 볼 때마다 그 순간이 떠올라 웃음이 지어졌다. 내가 인생 네 컷에서 사진을 찍어보기 전에는 몰랐는데, 사진을 찍어보고 나니 내가 해보지 않은 것에 대해서 함부로 이야기해서는 안 되겠다는 생각이 들었다. 책상 서랍에 수북이 쌓인 사진은 딸아이의 추억 보따리로 인정하기로 마음먹었다. 그래도 시간적 여유 없이 가는 것은 이해가 가지 않았다. 딸아이는 그런 것조차 추억으로 기억하겠지.

토요일 아침, 딸아이는 친구와 시민광장으로 놀러 간다고 일찍 일어났다. 나는 처리해야 할 일이 있어서 사무실로 갔다. 시민광장이 사무실과 멀지 않기 때문에 일이 끝나면 딸아이를 태우고 집에 가야겠다고 생각했다. 나는 일을 하다가 딸아이에게 문자를 보냈다. 딸아이가 시민광장에 잘 갔는지, 집에 갈 때 엄마가 태우고 가겠다고 말하고 싶어서였다. 그런데 답장도 없고, 전화를 걸어도 받지 않는 것이다. 그래서 '아이쉐어링'이란 어플을 실행시켜 현재 위치를 찾았는데, 딸아이의 위치가 갑천 한가운데에 있는 것이다. 너무 놀란 마음에 '상태'를 눌러보니 '잠수 중'이라고 나오는 것이다. 갑자기 생각이 멈추고, 아무것도 할 수가 없었다. '무슨 일이지?' 갑천 어디로 가야 찾을 수 있는 것인지 아무 생각도 나지 않았다. 딸아이에게 전화를 걸어보고 문자, 카톡을 몇 번이나 보냈는지 모르겠다. 스마트폰을 빠뜨린 것인가? 아니면 신고해야 하나? 별의별 생각이 다 스쳐갔다.

그 순간, 그동안 내가 딸아이에게 해주지 못했던 것과 화냈던 일만 생각났다. 나는 그저 딸아이와 연락되기만을 기다렸다. 머지않아 돌아온 딸의 말을 듣고 오해를 풀 수 있었다. 하지만 '잠수 중'이라는 글자가 내 머리를 떠나지 않았다.

이유인즉, 킥보드를 타고 친구랑 시민광장에 가는데 다리를 건너는 위치에서 데이터가 소진됐고, 배터리도 꺼져버렸다는 것이다. 그래서 딸아이의 위치가 그곳에서 멈춰버린 것이었다. 친구와 신나게 킥보드를 타고 이동하면서 전화가 오는지, 문자가 오는지, 카톡이 오는지조차 인지하지 못했다는 것이다.

딸아이가 무사히 돌아온 것에 감사하며 한숨을 돌렸다. 하지만, 딸아이는 데이터가 없어서 그렇게 됐으니 엄마가 데이터를 늘려주지 않아서 발생한 일이라고 대화의 본질을 흐리면서 본인의 잘못을 정당화하려고 하는 것이다.

《당신이 희망입니다》의 고도원 작가는 글에서 "'바닷속에는 소리 통로가 있다. 고래는 짝을 찾을 때나 무리와 아주 중요한 의사소통이 필요할 때 이 소리 통로를 이용한다.' 그 소리 통로를 이용하여 고래들은 1,000리 이상 떨어진 곳에 있는 동료를 부른다고 한다. 얼마나 멀리까지 갈 수 있느냐 하면, 놀랍게도 호주나 뉴질랜드 바다에서 낸 고래 소리를 한국의 동해나 미국 서부 해안에서 들을 수 있다. 깊이 300미터에서 500미터 사이의 바다에 그 신비한 통로가 있다고 한다"라고 말한다. 그러면서 "사람에게도 소리 통로가 있다. 그래서 멀리 있어도 통하는 사람이 있고, 아주 가까이 있어도 전혀 안 통하는 사람도 있다. 서로 통하려면 내가 먼저 마음을 열어야 한다. 전화가 오기 전에 내가 먼저 걸고, 편지를 받기 전에 내가 먼저 쓰고,

먼저 손을 내밀고 먼저 사랑해야 소리 통로가 열리고, 비로소 소통이 시작된다"라고 덧붙인다.

사춘기 딸아이와 소통하려면 엄마가 먼저 딸아이의 관심사, 또래들의 문화에 관심을 두고 알고 있어야 한다. 사춘기 아이들의 문화를 엄마가 즐길 수는 없지만, 내 딸아이가 좋아하고, 즐기는 게 무엇인지 관심을 두고 긍정적인 반응을 보여주는 것만으로도 아이 마음의 통로를 여는 것으로 생각한다. 내가 사춘기 딸아이의 또래 문화를 알고 있어야 아이의 요구에 대해 되는 것과 안 되는 것, 해도 되는 것과 해서는 안 되는 것에 대해서도 말해줄 수 있을 것이다.

# 딸의 일상에 편견 없이 대하라

딸아이는 사춘기가 시작되면서 수면 습관이 완전히 엉망이 되어 버렸다. 새벽까지 안 자고, 아침에는 늦게 일어나는, 아니 깨우지 않으면 일어나지 않는 수면 패턴으로 바뀌었다. 주중에는 등교해야 하니 짜증을 꾹 참으며 일어나지만, 주말이나 공휴일에는 일어날 때까지 깨우지 말라고 신신당부한다. 나도 주말에는 딸아이가 푹 자고 일어나기를 바라는 마음으로 깨우지 않으려고 한다. 그런데도 너무 늦은 시간이 되어도 안 일어나면 어디 아픈 게 아닌지 걱정이 된다. 게다가 너무 늦게까지 자고 일어나면 다음 날에 또 늦게 일어나는 악순환이 될까 걱정이 되기도 한다. 하지만 딸아이는 오후 1시가 넘어 잠이 깨도 일어나지 않고, 침대에서 뭉그적거리며 일어날 생각을 하지 않는다. 나는 그런 딸아이를 보며 '사춘기가 되니 게을러졌구나'라고 생각했다.

밥 먹으라고 깨우지 않으면 하루 종일 먹지 않고도 잠을 잘 기세다. 사춘기 딸에게는 먹는 것보다 잠이 우선순위인 것 같다. 알람 소리가 거실에 있는 나한테까지 들리는데도 정작 딸아이에게는 들리지 않는가 보다. 누군가 가서 끄지 않는 한 울리고, 또 울려도 알람시계 옆에 있는 딸아이는 꿈쩍하지 않는다. 깨우지도 말라고 하면서, 일어나지도 않을 거면서 왜 알람을 맞춰놓고 자는지도 이해가 가지 않는다.

《동아사이언스(2018. 03. 06)》의 <강석기의 과학카페> 코너에서는 <청소년이 늦잠을 자더라도 깨우지 말아야 하는 이유>에 대해 미국 버클리 캘리포니아대 신경과 매튜 워커 교수의 말을 인용한다. 그는 "부모는 현명하게 청소년의 늦잠은 의지의 문제가 아니라 생물적 명령이라는 사실을 받아들여 자녀가 늦잠을 자면 이를 보듬고 격려하고 칭찬해야 한다. 자녀가 수면 부족으로 뇌가 비정상적으로 발달하거나 정신질환에 걸릴 위험성이 커지는 걸 바라지 않는다면 말이다"라고 말하면서 "아이일 때는 생체시계가 어른에 비해 시간이 약간 빠르게 맞춰져 있다. 아이들이 대체로 일찍 자고 일찍 일어나는 이유다. 그런데 사춘기에 들어서면 생체시계가 급격히 늦춰져 어른보다도 대략 두 시간이나 늦어진다. 즉 수면호르몬인 멜라토닌이 분비되는 시점이 아이 때에 비해 서너 시간 뒤로 밀린다"라고 이야기했다. 따라서 "청소년 자녀에게 밤 10시에 자라는 건 남편(또는 아내)에게 8시에 자라고 하는 것과 같다는 말"이라며, 바꿔 말하면 "청소년 자녀에게 6시에 일어나라는 건 어른에게 4시에 일어나라는 말이다. 자기 역시 한 세대 전에 똑같은 경험을 했음에도 까맣게 잊어버리고 청소년 자녀가 늦잠을 잔다고 나무라는 게 대부분 부모의 모습이다"라고 주장했다.

《엄마랑은 왜 말이 안 통할까?》의 저자 딘 버넷(Dean Burnett)은 <부모님은 십대의 수면에 집착한다>에서 "네가 잠을 너무 많이 잔다고 부모님이 뭐라고 한다면, 그건 마라톤을 뛴 사람을 보고 너무 헉헉댄다고 핀잔을 주는 것과 같아"라고 설명하고 있다.

사춘기 딸아이의 생체시계가 어른과 비교해 2시간이나 차이가 나고, 아이 때에 비해 서너 시간 뒤로 밀린다는 사실을 알고, '이래서 내 딸아이가 그랬구나. 정상이구나' 하고 깨달았다. 그동안 딸아이의 수면 패턴이 게을러진 것이 아니고, 생물학적으로 그럴 수밖에 없었던 것이다. 분명히 나도 사춘기 시절이 있었을 텐데 정말 까맣게 잊어버리고, 딸아이가 게을러졌다는 편견을 가지고 있었던 것이다. 그런 딸아이를 비난하지 말고 엄마가 해줄 수 있는 게 무엇인지 생각해봐야 한다.

여름방학이 된 어느 날, 딸아이가 친구와 함께 천안에 있는 워터파크에 간다고 했다. 가족끼리는 몇 번 가봤던 곳이고 자가용을 이용해서 간다면 접근하기 어려운 곳은 아니다. 하지만 대중교통은 원활하지 않아서 딸아이가 가는 데 불편하지 않을까 걱정됐다. 딸아이는 교통편에 대해 방법을 찾아서 계획을 다 세웠고, 오픈 시간에 맞춰 입장해서 폐장할 때까지 놀다 온다고 기대에 부풀어 있었다.

"엄마, 나 천안에 있는 워터파크 갈 건데 터미널까지 태워다 줘."

"천안? 왜 거기까지 가? 가까운 데로 가지. 교통편이 불편할 텐데."

"벌써 7시 버스표도 예매해놨어."

"아침에 일어날 수 있어? 터미널에 도착해서 가는 방법도 다 알아봤어? 폐장 시간에 나오면 어두울 텐데… 집에 오면 몇 시야?"

나는 궁금증이 폭발해서 이것저것 질문을 했다. 그런데 딸아이는 친구와 인터넷으로 검색해서 다 알아보고 계획을 짰으니 걱정하지 말라고 짜증 내며 대답을 하는 것이다. 아침에 그렇게 안 일어나면서 친구와 워터파크에 가기 위해 7시 버스를 예매해놓고, 일찍 깨워달라고 한다. 분명히 내일 아침 깨우면 또 짜증이 폭발할 거면서 말이다. 다른 지역으로 대중교통을 이용해 엄마 없이 가는 게 처음인 딸은 두려움도 없는지, 엄마가 걱정하는 것은 아는지 모르는지, 그저 신이 난 얼굴로 수영복을 가방에 챙겨두었다. 그러고는 친구와 통화하며 웃음소리가 끊이지 않았다.

"뭐야. 딸 벌써 일어났어?"

"어. 알람 맞춰놓고 일어났어."

"평소에는 알람이 울려도 끄지도 않고 자면서…. 일어나라고 몇 번을 깨워도 안 일어나면서…."

"오늘은 친구와 워터파크 가기로 약속했잖아."

친구와 놀러 간다고 알람 맞춰놓고 벌떡 일어나 갈 준비를 하는 딸아이를 보니 다행이다 싶다가도 엄마와 놀러 가기로 약속했을 때는 죽어도 안 일어나 못 나간 적을 생각하면 딸이 얄미웠다. 스스로 통제권을 가지니 아침에 일어나는 것도 이렇게 바뀔 수 있구나 싶어 놀랍기도 했다. 아이의 자존감에도 연결되어 표정과 말투에 자신감이 고스란히 묻어났다. 딸아이는 알람 소리에 뭉그적거림 없이 스스로 일어나 준비하면서 엄마한테도 그런 자기 모습을 보여주고 싶었던 모양이다. 방문을 열고 깨우러 들어가는 순간 눈이 마주쳤고, 먼저 웃어주는 딸이 너무 낯설었다. 그 웃음에는 '나도 혼자 일찍 일어날 수 있어'라는 마음이 느껴졌다. 딸아이를 믿지 못하고 불안해하면 자꾸 간섭하게 되어 서로에게 힘든 상황만 만들게 되는 것이다.

그런 상황들이 반복되고 빈번해질수록 딸아이와 엄마 사이에는 틈이 벌어지게 된다. 그러다가 어느 순간부터는 말이 아닌 침묵으로 대답하는 딸아이가 되면 엄마는 더 견디기가 힘들어진다.

세계적인 동물학자 템플 그랜딘(Temple Grandin)은 TED 강연에서 <세상은 왜 자폐를 필요로 하는가?>라는 주제로 이렇게 말했다.

"시각적으로 생각하는 사람들이 자라면 무엇을 할 수 있을까요? 그래픽 디자인을 할 수 있고, 모든 종류의 컴퓨터 일을 할 수 있고, 사진 촬영, 산업디자인을 할 수 있습니다. 패턴으로 생각하는 사람들은 수학자, 소프트웨어 엔지니어, 컴퓨터 프로그래머를 비롯해 모든 종류의 직업을 가질 것입니다. 그러고 나면 언어의 마음이 있습니다. 그들은 굉장한 언론인이 될 수도 있습니다. 그들은 또한 뛰어난 연기자가 될 수도 있습니다. (중략) 누가 첫 번째 돌창을 만들었다고 생각하세요? 아스퍼거가 있던 사람입니다. 모든 자폐증 유전자를 없앴다면 실리콘밸리는 더는 존재하지 않고 에너지 위기도 해결되지 않을 것입니다. 자폐아는 정신적으로 장애가 있는 것이 아니라 단지 성향이 폐쇄적인 것뿐이므로 한 가지 일에 몰두해 공부하게 되면, 그 분야에 관해 훌륭한 전문가가 될 수 있습니다."

그는 자폐가 병이 아니라 '신이 준 특별한 능력'이라고 말하고 있다. 자신의 이미지 기억 능력으로 세상을 바꾸는 힘이 있음을 자신

있고 당당하게 말하고 있다. 세상은 어떤 시각으로 보느냐에 따라 달라질 것으로 생각한다. 누군가 세상을 동그란 모양으로 본다면 그 사람에게 세상은 동그라미가 될 것이고, 누군가 세모 모양으로 본다면 그 사람에게 세상은 세모가 될 것이며, 누군가 네모 모양으로 본다면 그에게는 세상이 네모가 될 것이다.

사춘기 청소년들이 보이는 이상 행동과 심리 상태를 이해해야 하는 것이지, 병적으로 치료 대상으로 보면 안 될 것이다. 사춘기 아이들은 신체적으로, 정신·정서적으로 폭발적인 성장을 하는 과정일 뿐이다. 애벌레에서 나비가 되기 전에 번데기의 모습을 하는 것처럼 말이다. 꽃을 보고 "꽃이 예쁘다"라고 말하는 것은 꽃이 정말 예뻐서일까, 아니면 꽃을 보는 사람의 마음이 예뻐서일까? 바라보는 사람의 마음이 반영된 것이 아닐까? 사춘기 아이를 바라보는 시각은 엄마의 마음이 반영되어 나타나게 될 것이다.

# 4장

# 사춘기 딸과 관계가 쉬워지는 기술

# 믿는 마음을 자주 표현하자

엄마들은 왜 사춘기 아이들을 믿기가 힘들까? 딸아이의 여름방학이 끝나갈 무렵이었다. 여름방학 한 달 내내 딸아이의 하루 24시간을 보게 됐다. 당연히 처음 보는 것은 아니었다. 매일 똑같은 마음이었지만, 그날도 어김없이 도 닦는 마음으로 딸아이의 하루를 지켜봐야 했다. 그러다가 나는 '참아주지 말고, 기다려주자'라는 결심과는 달리 계속 참아주고 있었음을 깨닫게 됐다. 결국 가슴속 깊은 곳에서부터 쌓여 있던 무엇인가가 올라와 폭발해버리고 말았다. 나는 그동안 참았던 말들, 눈에 거슬렸던 태도와 행동들, 방학 동안 불규칙하고 나쁜 생활 습관들 모두를 끄집어내어 한꺼번에 딸아이에게 쏟아냈던 것이다.

"도대체 언제까지 그렇게 생활할 건데? 참는 것도, 기다리는 것도 한계가 있지. 엄마 인내력 테스트하는 거야? 내일모레면 개학이야.

방학 동안 부족한 과목 스스로 알아서 한다더니 한 거야? 알아서 한다면서, 알아서 안 하잖아! 방학 동안 한 게 뭐야? 그리고 엄마한테 말버릇이 그게 뭐야? 엄마한테 그딴 식으로 말하지 말라니."

가슴속에 있던 말들을 쏟아내고 나니 속이 다 시원해졌다. 하지만 곧 후회와 창피함이 밀려왔다.

'아! 왜 그랬을까. 기다려주기로 결심했으면서….'

나의 다짐을 스스로 깨버린 셈이 되어버렸다.

"방학 동안 수학학원 숙제 한 번도 안 한 적 없어. 내가 지금 안 한다고 고등학교에 가서도 안 한다고 한 적 없어. 엄마 마음대로 판단하지 마! 엄마는 나를 믿는다면서 왜 못 믿고 그래? 엄마는 나한테 말 예쁘게 해? 안 그러면서 왜 나한테만 뭐라는 거야? 엄마는 나를 왜 낳은 거야? 나를 낳은 걸 후회하는 거야?"

급기야 딸아이는 울음을 터뜨리고 말았다. 나도, 딸아이도 여름방학 내내 마음속에 쌓였던 앙금들을 표출하며 서로에게 상처 주고 비난하는 말로 서로를 공격하고 말았다. 수습하기에는 내가 너무 아픈 말들을 많이 해버렸고, 상처 주는 말들을 많이 해버렸다. 우는 아이를 뒤로하고 방을 나와서 나도 마음을 진정시켜야만 했다. 방학 내내 딸아이와 거리두기 없이 생활하며 참기만 하면서 내 마음을 다스리지 못한 것이다. 참다가 폭발하는 상황이 안 좋다는 것을 책으로 보고, 그동안의 경험으로도 인지하고 있으면서도 말이다. 엄마가 참아주는 동안 '엄마가 나를 낳은 것을 후회하나 보다'라고 느꼈을 딸아이의 마음을 생각하니 가슴이 미어졌다. '우리 딸 낳은 걸 후회하지 않아! 엄마가 태어나서 제일 잘한 일이라고 생각해!'라고 말해줘야 했는데, 나도 감정이 격해져서 말을 못 해주고 방을 나와버렸다.

내 감정을 어느 정도 추스른 후, 딸아이에게 문자를 보냈다.

'엄마는 우리 딸 낳은 것 후회 안 해. 엄마가 화내고 싫은 말 했어도, 딸이 싫어서 그런 게 아니라는 것은 좀 알아줘. 엄마가 어른이라도 상처받아. '그딴 식으로 말하지 마'라는 말 엄마도 상처받았어. 딸! 엄마랑 서로 마음 풀고 싶으면 거실로 나와봐.'

머지않아 눈이 퉁퉁 부은 채로 딸아이가 나왔고, 나는 딸아이에게 어른스럽지 못한 언행에 너무 미안해서 꼭 안고 미안하다고 말했다. "엄마가 우리 딸 얼마나 사랑하는데, 낳은 거 절대 후회하지 않아"라고 말하니 딸아이 눈에서 닭똥 같은 눈물이 주르륵 흘러내리는 거였다. '가슴속에 상처가 됐구나. 빨리 말해줬어야 했는데' 미안한 마음에 더 꼭 안아줬다. 그렇게 내 품에 안겨서 울던 딸아이를 보니 '내 가슴속 상처는 아무것도 아니었구나. 내 가슴속 상처는 나 스스로 만든 거였구나'라는 생각이 들었다.

그런데 주말이 되어 남편이 집에 오게 됐다. 딸아이를 주말에만 보는 남편은 주말에는 당연히 딸아이도 쉬는 것으로 생각해서 그동안은 문제 삼지 않았다. 그러나 지금은 중3 여름방학, 고등학교에 간다고 생각하니 남편도 쉬고 있는 딸아이한테 아빠로서 한마디 해줘야 한다고 생각한 것이었다. 갑자기 딸아이 방에서 큰 소리가 들렸다.

"아빠 말 듣기 싫어! 도대체 몇 번을 말하는 거야? 아빠가 그렇게 했으니 나도 그렇게 하라는 거야? 아빠는 아빠고, 나는 나야! 아빠가 나를 어떻게 안다고 아빠 마음대로 판단해!"

"아빠는 중고등학교 다닐 때…"라는 말로 시작하려 했으나 남편은 시작도 못 해보고, 딸아이의 격한 거부로 딸아이 방을 나와야 했다.

딸아이의 방에서 들려오는 남편의 이야기를 듣자니, 내가 딸아이한테 했던 말과 별반 다르지 않았고, 그렇다고 틀린 말도 아니었다. 하지만, 내가 제3자 입장에서 들어보니 남편의 말이 너무 듣기가 싫었다. 딸아이를 위해 걱정되는 마음에서 나중에 후회하지 말라는 생각으로, 지금이라는 시간은 다시는 오지 않기에 열심히 했으면 하는 바람으로, 아빠의 경험을 이야기하려는 남편이 충분히 이해가 갔다. 하지만 아빠의 방식을 주입하려는 마음이 느껴졌기 때문에 나조차도 듣기 싫어졌다. 그런데 딸아이는 오죽했을까.

부모는 대부분 자녀에게 좋은 말, 도움이 되는 말을 한다고 생각하며 말한다. 나도 그랬고, 남편도 그랬다. 하지만 아이들은 그렇게 받아들이지 않았다. 아이들은 겉모습으로 판단하지 않고 믿어주는 사람의 말을 듣고 싶은 마음이 생기는 것 같았다. '아무리 좋은 말이라도 나를 믿지 못하는 사람의 말은 듣기 싫지 않을까?'라는 생각이 들었다. 나와 남편이 딸아이를 믿어주지 못하고 있는 거였구나. 딸아이의 잘못이 아니었구나. 그러면서 딸아이가 부모의 말을 듣지 않는다고만 생각했다.

《서천석의 마음 읽는 시간》의 서천석 작가는 <믿음이 사람을 꽃피우게 합니다>라는 글에서 "믿을 수 있는 것이 있어서 믿는 사람은 부모가 아니라고, 부모는 믿을 것이 없어도 아이를 일단 믿는 사람이라고. 나무를 보며 이 자리에 꽃이 필 거라고 믿으며 쳐다보는 게 부모라고. 그러면 그 자리에 정말 꽃이 핀다고, 그런 믿음으로 아이를 보라고 이야기합니다. 참 믿기 어려운 이야기지요. 하지만 믿는 데 돈이 들지는 않습니다"라고 말한다. 그러면서 "오늘 직장에서, 가정에서 만나는 사람들에게 믿음을 가져보세요. 그들이 잘 해낼 수 있는 사람이라고, 변화의 힘을 이미 갖고 있다고. 나는 그저 그 힘이 저절로 나올 수 있게 살짝 도와주는 사람일 뿐이라고 생각해보십시오. 비록 그렇지 않다고 해도 어떻습니까? 지금 내가 할 수 있는 최선은 그저 믿어주는 것이니까요"라고 덧붙인다.

내가 딸아이의 불규칙한 생활이 마음에 들지 않더라도, 딸아이를 믿어줬더라면 딸아이의 마음속에서 '엄마가 나를 낳은 것을 후회하나?'와 같은 생각을 했을까? 생각해보건대, 내가 그동안 딸을 믿는다고 말한 것은 '약속했으면 지켜라', '하기로 했으면 꼭 해라'라는 압박을 주는 도구로 사용한 것이 아닌가 싶다. 딸아이 가슴속 깊이 '우리 엄마가 날 믿고 있구나'라는 마음이 느껴지게끔 마음을 담아 진심으로 표현해줘야 할 것이다.

# 엄마의 기분이 태도가 되지 않게 하자

나는 딸아이를 조금 늦게 낳은 편이다. 그래서 딸아이가 사춘기에 접어들면서 나는 갱년기를 대비해야 하는 상황이 됐다. 사춘기가 호르몬 밸런스가 요동치는 시기라고 하는데, 갱년기도 호르몬 밸런스가 변화하는 시기라고 한다. 사춘기 딸아이는 툭 하면 나에게 짜증 내며 스트레스를 풀려고 한다. 그런데 하필 나도 호르몬 밸런스에 따라 몸과 마음이 쉽게 지치고, 감정이 우울해지기 쉬운 상태다. 그래서 사춘기인 딸아이의 짜증 섞인 말과 차갑고 쌀쌀한 말들을 들으면 쉽게 감정이 상하고, 상처받게 된다. 또한, 화를 제어하는 힘이 부족해 하루에도 몇 번씩 욱하는지 모른다. 지금껏 열심히 일하면서 아이들만 키워왔는데, 허무한 마음만 커져서 더 우울해지곤 한다.

어느 날, 딸아이가 내게 물었다.

“엄마, 오늘은 기분 좋아?”

“나쁘진 않아. 왜?”

“엄마가 기분 안 좋으면 이걸 해줄 리가 없어서 물어보는 거야.”

“엄마가 언제 그랬어? 진짜?”

딸아이가 아무렇지도 않은 듯 말을 했지만, 엄마의 기분에 따라 나오는 엄마의 반응이 달랐던 탓인지, 눈치를 보는 듯한 말투와 표정에 할 말을 잠시 잊었다. 전혀 엄마의 기분 따위는 생각하지 않는 딸이라고 생각했던 터라 오히려 엄마의 기분에 반응하는 딸을 보고 어리둥절했다. 내가 그동안 기분에 따라 행동하는 일관성 없는 엄마였다니…. 왜 몰랐을까? 언제부터인지 딸아이가 엄마의 기분에 따라 물어봐도 될지, 아니면 하고 싶은 이야기가 있음에도 해도 될지를 망설였을 것으로 생각하니 얼굴이 화끈거렸다.

딸아이가 중학교에 입학하고 나서는 집과 학교와의 거리가 있어서 대중교통을 이용해야 하는 상황이 됐다. 그때까지만 해도 딸아이 혼자 대중교통을 이용해본 적 없었기 때문에 입학하기 전에 대중교통을 이용해 학교 가는 방법을 연습하기로 했다. 집에서 학교로 가는 버스 번호, 버스 정류장, 버스 노선, 버스 환승하는 곳과 주변 지리도 눈에 익히고자 학교 가는 길을 버스로 가봤다. 운전하는 나의 눈에도 운전하며 바라보는 길과 버스에서 바라보는 길은 달라 보였다. 딸아이에게는 낯선 길이겠지만 금방 익숙해질 것이다. 그런데 막상 아침 등교 시간에 대중교통을 이용하려니 버스 정류장까지 걸어서 이동하고, 버스 대기 시간, 버스 타고 이동하는 시간, 환승 버스를 타고 가는 시간까지 고려하면, 거리에 비해 소요 시간이 너무 길었다.

딸아이는 등교하는 데 버스를 이용하는 시간이 너무 많이 걸려 힘들다고 했다. 하교 시에는 버스를 이용하고, 등교 시에는 엄마가 데려다주기를 요구했다. 초등학교 때와 환경이 많이 달라져서 적응하는 데 시간도 필요하고, 아침 등교 시간이 거리에 비해 소요 시간이 길어 비효율적이라서 등교는 해주기로 했다. 생각 같아서는 엄마가 차로 학교를 데려다주니 오전 등교 준비 시간이 넉넉해서 전쟁 같은 아침이 되지 않으리라고 생각했는데 그것은 나의 큰 착각이었다.

"엄마가 태워다 주는데도 이렇게 시간이 부족하면 어떡해? 엄마가 태워다 준다고 해서 늦게 일어나면 아침 시간이 똑같이 바쁘잖아. 내일부터는 늦게 일어나면 안 태워 줄 거야."

아침에 늦게 깬 날은 나도 출근 준비와 아침 식사 준비로 초조해져서 마음이 평화로울 수가 없다. 그럴 때면 엄마도 늦게 일어났으면서 함께 늦게 일어난 아이에게 학교에 안 태워다 준다고 겁줬다가 내 마음이 평화로운 날은 '중학생이 되어서 긴장되고 힘들겠지'라는 생각에 "힘들지? 그래도 일어나서 준비해야지" 하며 다정하게 이야기하기도 한다. 그날 아침의 컨디션에 따라 이랬다가 저랬다 하는 엄마의 말에 신뢰성이 있을까 싶다. 안 태워다 준다고 하는 말에 얼마만큼의 힘이 있을까? 딸아이도 엄마가 겁만 줄 뿐 태워다 줄 것이라는 사실을 알 것이다. 그럼에도 불구하고 딸아이는 마음에 불안감을 안고 초조하게 학교에 갈 준비를 할 것이다.

《기분이 태도가 되지 않게》의 <내 기분은 내 책임입니다>라는 글에서 "다수의 기분이 서로 교차하고 영향을 주며 아슬아슬한 분위기를 만들어내는 가장 대표적인 공간은 일하는 곳이 아닐까? 출근을 하면 사회인의 가면을 쓰고 선을 지키려는 노력을 시작하지만, 누군가에게는 그 선을 넘는 일이 너무 쉽다. 사무실에서 이성을 잃고 버럭 소리를 지르는 사람도 있고, 컴퓨터 키보드를 신경질적으로 두드리는 사람도 있다. 누군가는 '지금 나 건들면 가만 안 둬…'라는 경고를 온몸으로 뿜어내기도 한다"라고 말한다. 또한, "크고 작은 차이만 있을 뿐이지 누구나 기분을 드러낸다. 내 기분은 내 선에서 끝내야 하는데 나도 모르게 겉으로 드러난다. 하지만 기분과 태도는 별개다. 내 안에서 저절로 생기는 기분이 스스로 어찌할 수 없는 것이라면, 태도는 다르다. 좋은 태도를 보여주고 싶다면, 소중한 사람에게 상처 주고 싶지 않다는 마음만 있다면, 우리는 충분히 태도를 선택할 수 있다"라고 이야기한다.

기분은 내 안에서 저절로 생겨 내가 조절할 수 있는 감정이 아니라면, 태도는 내가 충분히 조절할 수 있는 것이다. 세상 엄마 중에 자신의 소중한 딸아이에게 상처를 주고 싶은 엄마가 있을까? 당연히 없을 것이다. 내 소중한 딸아이에게 상처를 주지 않기 위해서라면 나의 기분대로 태도가 되지 않도록 해야 할 것이다.

나는 아침이면 아침 식사 준비를 먼저 해놓고, 출근을 준비한다. 내가 아침 식사를 준비하는 동안 딸아이는 학교에 갈 준비를 하고 밥을 먹는다. 그날도 여느 아침과 다르지 않게 학교에 갈 준비를 마친 딸이 밥을 먹다가 갑자기 말했다.

"엄마, 내 운동화 어디 있어?"

"운동화가 없어? 어제 집에 올 때 뭐 신고 왔어?"

"몰라."

"야, 네가 모르면 누가 알아? 실내화 신고 집에 온 거야? 운동화는 없고, 실내화가 있는데?"

딸아이는 잠시 뒤 이런 말을 했다.
"엄마, 내 가방이 없어."

"어제 가방 안 가져왔어?"

"몰라."

"학생이 가방도 안 챙겨 다녀? 본인이 그걸 모르면 누가 알아? 어젯밤에 가방도 안 챙기고 잤어?"

딸아이는 조금 뒤 또 이런 말을 했다.
"엄마, 이거 사인해줘."

"어제저녁에 보여주지. 왜 바쁜 아침에 보여주는 거야? 다음부터는 전날 미리미리 챙겨! 아침마다 한두 번도 아니고 왜 그래? 미리미리 좀 챙기라고!"

아침이면 볼 수 있는 흔한 일상인데, 나는 이런 상황이면 항상 욱하고 올라온다. 딸아이의 미리미리 챙기지 않는 행동이 감정의 방아쇠가 되어 잠잠했던 내 마음을 뒤흔든 것이다. 그것은 분명히 내 안의 상처를 건드렸기 때문이다. 그래서 그 화를 딸아이에게 토해내지 않으려 학교를 데려다주는 내내 한마디도 하지 않았다. 이럴 때는 딸아이와 다른 공간에서 잠시 나만의 시간을 가져야 하는데 학교를 가야 하고, 출근을 해야 하는 시간이기에 그럴 수가 없어서 말을 하지 않은 것이다. 하지만 딸아이는 나의 기분을 눈치챘을 것이다.

딸아이를 학교 앞에 내려주고, 출근길을 서둘렀다. 출근하는 길에도 기분은 금방 나아지지 않았고 왜 그렇게 마음이 복잡하고 화가 나는지 내 마음을 들여다봤다. 이 일이 이렇게까지 화를 낼 일인가? 내가 느낀 감정이 '화'가 맞을까? 혹시 다른 감정은 아닐까? 내 행동이 정말 아이를 위한 것이었을까? 내가 편하기 위해 그랬던 것은 아닐까? 나는 스스로의 감정이 무엇인지 찾아야 했다. 내 기분이 태도가 되지 않기 위해서.

《까칠한 아이 욱하는 엄마》의 곽소현 작가는 <엄마의 감정 조절은 상황을 바꿀 수 있다>라는 글에서 "아이가 숙제를 하지 않고 놀기만 하거나 내일이 시험인데도 긴장감 없이 태평한 모습만 보이면 화가 나겠지만 '마음이 느긋하고 낙관적이어서 웬만한 스트레스는 잘 이겨낼 거야'라고 생각하면 아이를 너그럽게 대할 수 있다"라고 말한다. 그러면서 "같은 상황도 이렇게 받아들이면 아이를 보는 시각이 바뀌면서 감정을 조절할 수 있는 여유가 생기고, 감정 조절이 되면 그릇된 판단이나 행동을 하지 않게 된다. 설사 나쁜 일이 닥쳐도 전화위복의 기회로 삼아 극복할 수 있다. '자기의 마음을 다스리는 자는 성을 빼앗는 자보다 낫다'는 명언이 있다. 최악의 상태에서도 자기 감정을 다스리면 새로운 기회를 엿볼 수 있는 객관적 시각과 판단력을 발휘할 수 있다"라고 덧붙인다.

사춘기 딸아이와 부딪치며 사는 동안 욱하는 감정이 올라오는 것은 자연스러운 것이라고 생각한다. 그 감정을 어떻게 조절하고, 아이에게 상처 주지 않고, 엄마는 화가 쌓이지 않게 잘 해소시킬 수 있는지가 중요한 것이다. 딸아이는 엄마의 감정을 먹고 산다고 하지 않던가. 엄마의 기분, 감정 상태가 엄마의 태도를 결정하고, 딸아이의 정서 상태를 결정한다는 것을 기억하자.

# 공감하고 있음을 느끼게 해주자

나는 왜 여전히 아이의 말에 공감하기가 힘이 들까? 딸아이가 말을 하면 거기에 대한 답변으로 대부분 아이의 마음을 읽기보다는 문제와 원인이 무엇인지, 그에 따른 해결책이 무엇인지를 이야기하게 된다. 지금 아이의 문제를 빨리 해결하는 게 답이라고 생각하기 때문이다. 아이가 원하는 게 무엇인지 공감하기에 앞서, 지금 이런 상황에 놓이게 된 원인을 알아내서 다음부터는 이런 상황이 되지 않기를 바라는 마음이 큰 것이다.

어느 날, 딸아이가 친구들과 놀고 난 뒤 집에 돌아왔다. 그런데 얼굴, 팔다리, 손바닥까지 긁혀서 멍들고, 피가 맺힌 상처에 반창고를 붙인 상태로 들어오는 것이었다.

"왜 그래? 어디서 다쳤어?"

"계단에서 넘어졌어."

"계단? 아파트 계단? 어느 계단? 어떻게 넘어졌길래 안 다친 데가 없어? 얼굴까지."

"아프다고!"

"많이 아파? 병원에 가야 할 것 같은데? 그러게 조심해야지. 다음부터는 조심 좀 해!"

나는 다쳐서 아파하는 딸아이를 보는 순간, 아프겠다는 생각은 들었지만, 딸아이의 아픈 마음에 대한 공감의 말보다 '왜 다쳤는지', '어디서 다쳤는지', '왜 조심하지 않았는지', '안 다치려면 어떻게 해야 하는지'에 대해 딸아이에게 취조하듯 물었다. '아프다고' 말하는 딸아이에게 '우리 딸 많이 아프지!'라는 공감의 한마디가 왜 그렇게 어려웠을까? 그 한마디면 아이의 몸에 난 상처뿐 아니라 넘어지면서 놀랐을 마음도 모두 어루만져줬을 텐데 말이다. '조심하라'는 말보다 '우리 딸 많이 아프겠다', '우리 딸 많이 놀랐겠다'라는 엄마의 말 한마디가 더 듣고 싶었을 텐데 말이다.

월요일 아침 7시가 되니 아이 방에서 알람 소리가 울렸다. 그런데 몇 번이 울려도 알람을 끄지 않아 방문을 열고 들어가서 알람 좀 끄라고 말했다.

"딸, 7시인데 일어나려고 알람 맞춰놓은 거야? 지금 일어날 거야?"

"어, 일어날 거야."

"그럼 일어나. 엄마가 더 안 깨워도 되지?"

"알아서 일어날 거야."

"알았어. 그럼 이제 안 깨운다. 나중에 다른 소리 하지 마."

딸아이는 알아서 일어날 건데 왜 들어왔냐는 식으로 짜증을 냈다. 그런데 10분 간격으로 알람이 울리고, 끄기를 반복하더니 방에서 나오지를 않는 것이다. 7시 40분이 지나도 방에서 나오지 않아 딸아이 방에 들어가 봤더니 여전히 자고 있는 것이다.

"7시 40분인데 왜 안 일어나?"

"뭐? 망했다. 준비할 시간이 없잖아! 왜 안 깨워주는 거야? 이렇게 늦게 깨워주면서 어떻게 밥 먹고 가라는 거야?"

"깨우지 말라며? 알아서 일어난다며? 늦게 자니까 아침에 눈 뜨기가 힘든 거잖아. 일찍 자라니까 왜 맨날 늦게 자는 거야? 알아서 한다는 게 알아서 늦게 자는 거야? 네가 늦게 일어나고 왜 엄마 탓을 하는 거야!"

딸아이는 뭐든 알아서 한다면서 간섭 받기를 싫어한다. 아침마다 알람을 맞춰놓고 알아서 일어날 테니까 깨우지 말라고 하면서도 안 깨웠다고 짜증 내기 다반사다. 딸아이가 10분 간격으로 알람을 맞춰놓은 데는 분명 혼자 알람 소리를 듣고 일어나려는 의지가 담겨 있는 것이다. 그런데 본인의 의지대로 일어나지 못하니 가장 만만한 엄마한테 짜증을 낸 것이다. 자신의 의지대로 되지 않아 짜증 내는 딸아이에게 '알람 소리가 잘 안 들리는 거 보니 피곤한가 봐', '생각대로 일어나는 게 쉽지 않아 속상하지' 같은 아이의 감정을 만져주는 말들로 공감해주면 좋을 텐데, 나는 항상 '밤에 늦게 자서 못 일어나는 거야', '일찍 자야 일찍 일어날 수 있어', '일찍 좀 자' 같이 원인이나 해결책에 대해 말하게 된다.

《아이가 다가오는 부모, 아이가 달아나는 부모》의 박임순, 옥봉수 작가는 <세상에서 가장 어려운 일, 내 아이 공감하기>라는 글에서 "부모 속을 썩이지 않고 자란 사람이 공감하지 못하는 부모가 된다. 부모는 아이의 불안과 문제를 해결하려고 한다. 그래서 공감도 결과 중심주의로 흐른다. 결과를 중시하는 부모는 아이가 주사를 맞을 때에도, 학업으로 힘들어할 때에도 이렇게 말한다. '힘들지? 그래도 참고 견뎌야 해.' 아이는 아이처럼 자라야 한다. 그래서 아이다. 아이가 아이답지 않게 모든 것을 참는다면 정상이 아니다. 그 아이가 공감하지 못하는 부모가 된다. 아이에게 부모는 존재하는 것만으로도 충분하다. 아이가 다가오는 부모는 아이의 '정서'를 편안하게 하는 데 집중한다. 아이가 달아나는 부모는 부모의 '역할'에 치중한다"라고 말한다. 그러면서 "자기심리학자인 하인즈 코헛은 '공감' 전문가로 유명하다. 그는 우리가 살아가는 데 산소가 필요하듯 평생에 걸쳐 '자기대상'이 필요하다고 말한다. 자기대상이란 힘들 때 공감해주는 대상을 말한다. 우리는 자기대상을 바라보며 정서가 자란다. 나를 공감해주는 자기대상이 없으면 정서의 성장이 멈춘다. 로빈슨 크루소가 무인도를 탈출하려고 온갖 노력을 기울인 것도 함께하는 자기대상이 절실했기 때문일 것이다"라고 덧붙인다.

또한 이렇게 깨달음을 준다.

"우리 주변에는 몸은 부모이지만 마음은 공감받지 못한 상태로 멈춘 어린아이가 많다. 이 책을 읽는 당신도 그런 부모일지도 모른다. 머리로는 좋은 부모가 되는 법을 아는데, 가정이라는 현실에서 아무 소용이 없을 때 부모는 스스로를 자책한다. 하지만 아이가 달아난다고 해서, 멀어진다고 해서 자신을 꾸짖을 필요는 없다. 나를 지지해주고 공감해준 자기대상이 없었다는 것을 알았으니 가장 먼저 나를 위로하면 된다. 좋은 부모가 되겠다는 역할에 치중하는 것보다 자기에게 힘을 주는 자기대상을 찾는 게 먼저다. 나를 먼저, 제대로 사랑하는 것이 최우선이다. 내 몸과 마음이 힘들면 푹 쉬어야 한다. 나에게 살아갈 힘이 있을 때 배우자와 자녀를 공감하는 힘도 자란다."

나는 부모님에게서 항상 '속 한번 안 썩인 자식'이라는 소리를 수없이 들었다. 그런 말을 들을 때마다 나는 '부모님을 힘들게 하지 않았구나'라는 생각에 효도했구나 싶어 뿌듯했다. 그런데 나도 나이가 들고, 나의 딸이 사춘기가 되고, 사춘기 딸아이를 키우는 게 힘들다는 생각이 들면서부터는 '속 한번 안 썩인 자식'이라는 말을 들을 때마다 가슴속에 숨어 있던 화가 올라옴을 느꼈다. 나도 나의 불안과 문제를 해결하려는 부모로부터 공감받지 못한 것은 아닐까 하고 말이다.

나와는 반대로 자신의 감정을 그대로 표출하고, 엄마가 상처받을 말도 아무렇지도 않게 하며, 알아서 할 테니 상관하지 말라고 당당하게 말하는 딸아이의 성장이 감사했다. 실패하든지, 시행착오를 거듭하든지 자기 스스로 하려고 하는 주체 의식이 생기는 것은 자연스러운 것이라는 것을 알았다. 부모가 볼 때는 아이가 반항하는 것처럼 느낄 수 있겠지만 말이다. 단순히 부모의 말을 잘 듣고 자기 생각 없이 부모의 뜻에 따르면 실패와 시행착오는 없을 것이고, 부모의 마음은 편할 것이다. 그러나 아이는 자기 주체적인 삶을 살아가는 연습 기회를 잃게 되는 것이다.

나의 딸아이에게 자기를 지지해주고 공감해주는 자기대상이 엄마가 될 수 있도록 나도 나 자신의 자기대상을 찾아 나를 먼저 위로하고, 나를 사랑할 수 있도록 해야 할 것이다. 부모의 '역할'에만 충실했던 엄마에서 딸아이의 '정서'를 편안하게 해주며 공감해주는 엄마가 되어야 할 것이다.

# 감정을 받아주면 달라진다

딸아이는 중학교 내신 준비는 혼자 공부해도 된다고 생각한 것 같다. 나도 그 생각에는 동의하고 있으나 주요 과목인 국·영·수는 고등학교 선행을 1학기 정도 해야 하지 않을까 생각했다. 수학은 늦게나마 시작해서 고등학교 수학 선행을 겸하고 있었다. 하지만 중학교 3학년 1학기 후반이 되니, 영어도 필요하다고 생각했는지 영어학원을 상담해보고, 다니고 싶은 곳을 결정했으니 학원비를 결제해달라고 하는 것이다. 나는 아무리 걱정이 되어도 억지로 학원을 보내고 싶지 않다. 하지만 아이가 학원을 보내달라면 기꺼이 보내줄 의향이 있다. 본인이 원하고, 결정해야 스스로 책임질 생각을 할 수 있기 때문이다.

그런데 3개월쯤 다녔을까? 여름방학을 앞두고 갑자기 영어학원을 그만두겠다고 했다. 여름방학 때 고1 대비 특강을 꼭 들어야 한다고 했는데 그만둔다고 하니 무슨 생각인지, 다른 계획이 있는지 알 수가 없어 한마디 안 할 수가 없었다. 무엇이든지 본인이 결정한 것에 대해서는 엄마에게 잘 설명해주면 좋을 텐데, 이렇다 저렇다 말도 없이 본인이 결정한 사항만 툭 내뱉는다. "영어학원 결정했으니 학원비 결제해줘. 영어학원 이제 안 다닐 거야"라고 말이다. 더 어이가 없는 것은 요구사항을 왜 짜증을 내며 말하는지 모르겠다. 어떤 상황이 되어도, 짜증 났다고 말하지 않아도 '나 짜증 나!'라는 티를 습관적으로 내면서 말이다. 그날은 정말 나도 참을 수가 없는 지경에 이르러 짜증 내면서 영어학원을 그만둔다고 말하는 딸아이게 말했다.

"도대체 뭐가 그렇게 불만이야? 영어학원 그만두고 싶으면 이유를 설명해줘야 하잖아. 엄마가 뭘 했는데 갑자기 짜증이야! 학원 다니겠다고 하든, 그만둔다고 하든지 엄마는 그냥 '그렇구나' 하라는 거야? 뭐가 문제인지 엄마도 알아야 하잖아. 안 그래?"

"그러는 엄마는 왜 짜증이야? 나도 엄마한테 배웠나 봐!"

습관처럼 짜증 내는 딸아이를 참아주다가 누적된 나의 짜증 나는 감정을 퍼붓고 말았다. 참지 말고 기다려주자고 그렇게 되뇌었건만, 나도 습관적으로 참아주고 있었던 것이다. 딸아이는 자기가 뭘 잘못했는지 의아하게 쳐다봤다. 나는 딸아이가 부정적인 감정을 섞어서 말을 하면, 아이의 감정을 받아줄 엄두가 나지 않는다. 말의 내용도 들리지 않고, 온전히 짜증 난 감정과 화난 감정 상태만 보일 뿐이다. 그런 불편한 상황에서는 짜증 내지 않기를 바라며 "짜증 좀 내지 마. 말로 하면 되지 왜 짜증을 내?"라고 말하며, 아이의 짜증 나는 감정을 나의 감정으로 눌러버리려 한다.

《아이가 다가오는 부모, 아이가 달아나는 부모》의 박임순, 옥봉수 작가는 <Happy 와 Unhappy는 모두 소중하다>라는 글에서 "인간은 평생 희로애락을 겪는다. 장소와 상황에 맞는 감정을 나타내는 사람이 건강한 사람이다. 장례식장에서 박수 치며 웃거나 결혼식장에서 통곡하는 사람은 없다. 마찬가지로 아이가 우는 것은 힘들다는 것이고, 배우자가 짜증 내는 데도 이유가 있다. 그러나 부모들은 아이의 울음을 불안해하거나 불편해한다. 어린아이에게 울음은 부모에게 건네는 의사소통 수단이다. 아이의 울음과 짜증을 부모가 여유롭게 받아들이면 아이는 건강한 정서를 지니게 된다"라고 말한다. 그러면서 "어떤 사건이 있으면 그와 연관된 감정도 있게 마련이다. 아이가 달아나는 부모는 사건과 감정을 분리한 채 살아온 경우가 많다. 그들은 유독 아이의 울음, 떼쓰기, 짜증을 견디지 못한다. 어린 시절, 묵묵히 참고 인내하고 받아들이기만 한 까닭에 아이의 감정 표현을 처리하는 데 애를 먹는다. 엄살 피운다고 야단치고, 참을성이 없다며 질책한다. 자신은 충분히 참아왔기 때문에 내 아이도 당연히 그래야 한다고 여긴다"라고 덧붙인다.

또한 이렇게 깨달음을 준다.

“하지만 아이가 다가오는 부모는 다르게 생각한다. 아이가 다가오는 부모는 아이가 감정을 드러내는 것은 부모가 자신의 감정을 받아줄 거라는 믿음이 있기 때문이라고 여긴다. 그들은 아이의 ‘부정감정’을 반가운 신호로 받아들인다. 아이가 다가오는 부모는 아이의 감정 표현을 죽이지 않는다. 내 아이가 상황에 맞는 감정을 건강하게 표현하기를 원하고, 그 감정을 수용해준다. 그렇게 자란 아이는 희로애락, 상실의 시대를 살아가면서도 여유롭게 세상을 품으며 살아갈 것이다.”

내가 유난히 딸아이의 짜증을 견디지 못하는 이유가 사건과 감정을 분리한 채 살아왔기 때문이라고 한다. 나의 어린 시절을 뒤돌아보니, 내 감정을 드러내는 순간, “그만 울어”, “참아야지”, “안 울어야 착한 사람이야”라는 말을 수없이 들었던 기억이 있다. 참고 인내하고 받아들이기만 해왔다는 사실을 알게 됐다. 나는 그래왔으니 그렇게 하지 않는 내 딸아이를 받아들이기 어려워 더 짜증을 낸 것이다.

여름방학식이 얼마 남지 않은 날, 학교로부터 문자 한 통이 도착했다. ‘오늘 학생들 편으로 성적표를 보냈으니 성적과 관계없이 학생을 격려해주세요’라는 내용이었다. 딸아이는 하교 후 집에 와서 몇 시간이 지나도 아무런 이야기가 없었다. 나는 성적표를 달라고 말하지 않고, 아이가 알아서 주기를 기다렸다. 그러나 딸아이는 며칠이 지나도 성적표를 보여줄 생각을 하지 않는 것이다. '잊어버렸나?' 하는 생각에 딸아이에게 물어봤다.

"성적표 보냈다는 문자 왔던데, 엄마 성적표 보여줘야지. 잊어버렸어?"

"받아 왔어."

"보여줘 봐."

"지금은 아니야. 내가 주고 싶을 때 줄 테니까."

"왜? 엄마가 일주일이나 기다렸는데?"

"보여주면 뭐라고 할 거잖아."

"엄마가 언제 시험 못 봤다고 뭐라고 했어?"

시험성적이 잘 나오면 부모 입장에 당연히 좋지만, 백 점을 맞으면 선물을 사준다던가, 국·영·수 평균 점수에 따라 금액을 정해 보상을 해준다는 식으로 시험을 잘 보게 하고 싶지는 않다. 딸아이는 친구들이 그렇게 해서 값비싼 보상을 받았다고 이야기하면서 본인도 그렇게 해달라고 말할 때도 있다. 하지만 엄마는 그 보상 때문에 공부하는 것보다는 시험공부를 열심히 해서 좋은 점수가 나와 본인이 만족해하는 모습을 보면, 엄마도 뭔가 사주고 싶을 것 같다고 말했다. 평소 시험점수에 대해 그렇게 부담을 준 기억이 없는데, 딸아이가 왜 그렇게 말하는지 이해가 되지 않았다. 그래도 국·영·수만큼은 기초가 있어야 고등학교 때 힘들지 않을 테니 최소한 몇 점 이상은 유지해야 한다고 말은 했다. 그것이 부담이었을까. 그 점수는 본인도 그래야 한다고 생각한 점수이고, 부담스럽지 않은 점수였는데 말이다.

나는 제주도에 사는 것이 꿈이었다. 그래서 딸아이가 중학교를 졸업하면, 제주도로 이사 가려고 생각했다. 딸아이와도 중학교를 마치면 이사 가는 것으로 이야기를 한 상태였다. 공부할 마음이 있고, 공부할 의지도 있다면 여기에서 살아도 좋은데, 그렇지 않다면 여기에 굳이 살지 않아도 된다고, 엄마가 살고 싶은 곳에서 살고 싶다고 말이다. 그런데 막상 중학교 3학년쯤 되고 보니 제주도로 이사 가고 싶지 않은 마음에 딸아이가 성적표를 보여주지 않는 것인가 하는 생각이 들었다. 이사 가기 싫으면 '이사 가기 싫다'라고 말하면 될 것을, 그 한마디를 못 하고 끙끙 앓았을 것을 생각하니 고민이 됐다. 나도 3년을 참고 기다려왔는데, 결정을 바꾸는 게 쉽지만은 않았기 때문이다. 그래도 '엄마'라는 이유로 딸아이의 사춘기를 버틴 것인데, 3년이 지나가는 시점에서 원점으로 돌아왔다고 생각하니 딸아이의 감정에 공감해야 한다는 사실을 알면서도 엄마인 나도 공감이 필요하다는 생각이 들었다.

《아이가 다가오는 부모, 아이가 달아나는 부모》의 박임순, 옥봉수 작가는 <공감, 마음을 이어주는 생명줄>이라는 글에서 "공감은 아이의 마음을 만나주는 것이다"라고 말한다. 그러면서 "공감은 부모의 일이 아니다. 아이를 공감하는 일이 부모의 것이라고 여기는 순간 공감은 걱정과 염려로 변한다. 그 순간, 부모가 아이보다 더 힘들어한다. 부모가 힘들어하면 아이는 자신의 감정을 드러내려 하지 않는다. 시험을 망친 아이가 아무렇지 않은 척하는 건 자신을 걱정하는 부모에게 야단맞을 걸 두려워하기 때문이다. 그런데도 부모는 아이의 마음은 모른 채 '생각이 없다'고 무시한다. 그렇게 아이는 속마음을 감추고, 부모로부터 달아난다"라고 말한다.

또한 이렇게 깨달음을 준다.

"아이가 다가오는 부모는 아이를 공감하는 일이 아이의 역할을 대신한다고 생각하지 않는다. 아이가 다가오는 부모는 아이의 문제를 해결하기보다 힘들어하는 아이의 감정을 있는 그대로 만난다. '공감'한다."

나는 그동안 아이의 문제를 해결하려고 애쓰다 보니 걱정과 염려로 나 스스로를 더 힘들게 만들었던 것 같다. 엄마의 걱정과 염려로 아이의 문제가 해결되지도 않을뿐더러 감정 소모만 한 것이다. 아이가 자신의 감정을 드러낼 수 있다는 것만으로도 엄마는 아이의 감정을 받아주고 있었다는 것임을 기억해야 한다.

# 독립공간을 허용하라

딸아이가 초등학교 6학년이 되자 언니처럼 자기 방이 있었으면 좋겠다고 했다. 그 방에는 책상, 침대, 화장대, 소파, 텔레비전도 있어야 한다는 것이다. 자기 방에서 모든 것을 혼자 할 수 있는 그런 공간이 필요하다고 말이다. 그동안 딸아이는 거실에서 숙제도 하고, 책도 읽으며, 보드게임도 하고 거의 모든 것을 나와 함께했다. 그런데 이제는 자기만의 공간이 필요하다고 말했다. 그동안 자기 방이 없었던 것이 아닌데, 자기 방이 필요하다는 말은 자기만의 생각이 반영된 공간에서 누구의 참견도 없이 독립적인 존재로 있고 싶다는 의미였을 것이다.

딸아이는 본인 침대가 생기니 혼자 자겠다고 선언했다. 나도 딸이 혼자 취침하는 것에 대해 큰 불만이나 반대해야 할 이유가 없었기에 동의했다. 그런데 문제는 딸아이가 아니고 나한테 있었다. 딸아이는 혼자 자서 너무 좋다며 만족해했다. 그런데, 오히려 엄마인 내가 혼자 자게 되면서 분리 불안을 느끼는 것이었다. 이제까지 딸아이가 나를 의지하며 살았다고 생각했는데, 정작 내가 딸아이한테 의지하며 살고 있었던 것 같다. 잠이 든 딸아이 옆에 가서 딸아이를 꼭 안고 자게 되는 나를 발견했다. 독립 수면 연습은 딸아이가 아닌 내가 더 필요한 것이었다. 딸아이가 오히려 '나를 엄마로 성장시켜주는 존재로 내 옆에 있었구나'라는 생각이 들었다.

딸아이가 자기 방에서 혼자 자기 시작하면서, 자기 방에서의 사생활을 보장해주기를 요구했다. 방에 들어올 때는 노크를 한 뒤, 딸아이의 허락을 받은 후에 들어오라는 것이다. 성장이 느린 탓에 초등학교 6학년이 되어서야 신체적 변화가 있던 터라 딸아이도 예민한 시기였다. 그래서 딸아이의 요구를 자연스럽게 받아들였다. 그런데도 몸에 밴 습관이 쉽게 바뀌지 않아 노크 없이 불쑥불쑥 문을 열고 들어가는 실수를 했다. 그나마 나는 여자여서 딸아이의 핀잔으로 끝났지만, 문제는 남편이었다. 노크하고 허락하면 문을 열고 들어오라는 요청에도 불구하고, 주말마다 오는 남편은 집에 올 때마다 그 약속을 잊어버리고 딸아이 방문을 벌컥 여는 것이었다. 그럴 때마다 딸아이는 기겁하며 놀랐고, 아빠를 동물 보듯 대했다. 아빠에게 약속을 어기면 '손 안 잡아주기', '딸 방 출입 금지', '벌금' 등의 벌칙을 준다고 엄포를 놓았다. 남편은 미안해하면서도 무척 서운해했다. 일부러 그런 게 아니라고 변명해봤지만, 그런 변명이 통할 딸아이의 신체적, 정신적 심리 상태가 아니었다.

'독립공간 보장'을 요구하는 딸아이를 보면서, 서운한 마음 한편에 공감이 가는 부분이 있었다. 나는 평소 주말에 오는 남편의 코골이와 뒤척임 때문에 주말 밤잠을 설쳐 오히려 잠을 자도 더 피곤함을 느끼고 있었다. 그런데 어느 기사에서 '부부지만 잠잘 땐 따로… 각방 쓰는 게 더 좋은 경우 4가지'라는 기사를 봤다. 4가지 중 1가지가 '잠버릇이 심히 고약할 때'였다. '잠을 제대로 자지 못해서 피곤해지면, 관계는 삐걱댈 수밖에 없다. 특히 둘 중 하나가 원인을 제공하고, 나머지 하나는 피해를 보는 경우가 제일 심각하다. 코골이 이야기다. 상대방이 너무 코를 골아서 잠을 자기 힘들 정도라면, 각방을 쓰는 게 낫다. 억지로 같이 자려 애써봐야 짜증만 늘어난다. 대신 솔직한 대화로 둘만의 시간을 확보할 필요가 있다'라는 내용이었다. 그래서 나는 남편을 설득해 잠을 잘 때는 각자 따로 잘 수 있었다. 방해 없이 깨지 않고 잘 잘 수 있어 수면의 질이 높아지니 짜증 내는 일이 줄어들었다. 잠자는 시간만큼이라도 나의 독립된 공간이 주는 힘은 나를 보호하기도 하지만, 가족들 각자를 보호하기도 하는 것이다. 가족은 함께 있어서 좋기도 하지만, 서로를 위해 각자의 시간과 공간을 확보해주는 것도 필요한 것이다. 서로를 위해 적당한 거리를 유지할 때 더 많이 성장하고, 서로를 더 생각해줄 마음의 여유를 가질 수 있게 되는 것이다. 부부 사이만이 아니고, 부모 자식 사이에서도 필요한 것이다.

딸아이의 어릴 때가 생각났다. 딸아이가 어릴 때는 딸아이가 무엇이든 혼자 할 수 있는 시기가 빨리 왔으면 하고 바랐다. 그래서 아이가 혼자 하는 연습을 시킨답시고 독립 수면도 해보고, 화장실 혼자 가기, 슈퍼에서 물건 혼자 사 오기, 혼자 등하교하기, 자기가 먹은 밥그릇 설거지하기 등 혼자 하는 연습을 다양하게 시도했다. 그런데 막상 혼자 할 수 있는 시기가 됐고, 혼자 하고 싶어 하는 시기가 되어 너무 홀가분하고 자유로울 것 같았다. 하지만 나는 전혀 홀가분하게 느껴지지 않았고, 엄마를 좀 필요로 해줬으면 하는 바람이 생기기도 했다. 어린 시절, 엄마의 도움이 필요한 나이에는 제발 혼자 했으면 하는 마음으로 연습을 시켰다. 이제는 필요 없다는데도 엄마가 무엇이라도 도와주고 싶어 하는 아이러니한 상황에 나 스스로도 어이가 없었다.

《1%의 생각법》의 저자 로저 본 외흐(Roger von Oech)는 <일을 놀이처럼, 놀이를 일처럼>이라는 글에서 "'읽는단어사이에공백이없으면읽는것이훨씬어려워진다.' 이렇게 띄어쓰기가 없는 글을 읽으면 읽는 속도가 느려진다. 하지만 고대에는 '귀로 읽기'라고 불리는 방식으로 매우 큰 소리로 라틴어 원고를 읽었다. 고대 독자들은 자신들의 언어에 적당히 익숙해져 있어서 읽는 대신 소리로 단어를 쉽게 식별할 수 있었고 단어를 이해하는 데 거의 어려움이 없었다. 하지만 후대까지 늘 그렇게 익숙했던 것은 아니다"라고 말한다. 그러면서 "8세기 로마 제국 변방에 살았던 색슨족과 고트족 사제들은 라틴

어에 대한 이해가 그리 깊지 않았기 때문에 미사를 읽을 때 단어가 어디에서 끝나고 언제 다음 단어가 시작되는지 결정할 수가 없었다. 사제들은 단어를 알아보는 데 도움이 되도록 미사문 사이사이에 공백을 넣어서 이 문제를 해결했다. 시간이 지나면서 띄어쓰기의 예상치 못한 장점을 발견했다. 읽는 속도가 빨라진 것이다! 단어가 시작되는 부분과 끝나는 부분을 알면 더 빨리 단어를 인식할 수 있다. 게다가 뇌는 말하는 데 걸리는 시간보다 훨씬 더 짧은 시간 안에 단어를 읽을 수 있다"라고 덧붙인다.

단어 사이사이에도 띄어쓰기로 공간을 부여하는데, 하물며 사춘기 아이가 독립공간을 인정해줄 것을 요구하는 것은 당연한 것이 아닌가 생각한다.

왜 사춘기 아이들은 엄마가 자신의 방에 들어오는 것을 싫어할까? 딸아이의 닫힌 방문을 보면 무슨 생각이 먼저 드는가? 나는 딸아이의 닫힌 방문을 보면 딸아이가 뭐 하고 있을지 너무 궁금하다. 나는 '공부 안 하고 핸드폰 하고 있겠지?', '방은 치웠나?', '양말 벗어서 또 던져 놨겠지?', '책상 정리는 했을까?', '숙제는 했을까?' 하는 부정적인 생각들이 먼저 떠오른다. 왜 그럴까? 나의 심리적 불안감 때문이 아닐까? 딸의 마음이나 생각을 투명하게 다 알고 싶은 이유는 딸아이를 통제하고 싶기 때문일 것이다. 그런데 딸아이의 마음을 다 알 수도 없고, 내 마음대로 되지도 않으니, 즉 통제되지 않으니

화가 나고 불안해지는 것이다. 남을 통제하면서 자신의 불안에서 벗어나려는 것은 쉬운 일이 아니다. 엄마가 성장한 자녀의 생활을 통제하려고 들면 갈등만 커질 뿐이다. 사람은 알 수 있는 미래, 예측 가능한 미래에 대해서는 그것이 긍정적인 일이든, 부정적인 일이든 상관없이 크게 불안해하지 않는다. 하지만 모르는 미래, 불확실한 것, 예측 불가능한 것에 관해서는 불안감이 크지 않은가.

딸아이가 초등학생일 때는 모든 스케줄을 알고 있다가 중학생이 되면서부터는 딸아이에게 물어보거나 확인하지 않으면 학교와 학원에 대한 스케줄을 제외하고는 알 수가 없다. 그래서 딸아이에 대해 모르고 있다고 생각하는 것으로부터 심리적으로 불안감이 생기는 것 같다. 딸아이의 방문이 열려 있을 때는 딸아이가 눈에 보이고, 방이 지저분해 보여도 크게 불안하지 않고 그냥 '쉬는구나', '지저분하구나' 하고 지나치게 되지만, 방문이 닫혀 있어 딸아이가 눈에 보이지 않으면 불안하고, 의심하게 되는 것이다.

그동안은 엄마와 항상 함께했고, 시간과 공간을 공유하며 비밀이 없던 딸아이가 갑자기 시간도, 공간도 엄마로부터 독립을 원하면서, 혼자만의 것을 소유하려 하고, 엄마가 모르는 비밀이 생기기도 한다. 그러면 엄마는 딸아이에 대해 모르는 것이 있다고 느끼는 순간, 딸아이에 관해 모르는 부분을 알아내기 위해 물어보게 될 것이고, 잔소리하게 될 것이다. 그러면 딸아이는 엄마의 알고자 하는 관심이 간섭처럼 느껴질 뿐, 분리되고 싶어 하는 마음이 더욱더 커져서 엄마가 방에 들어오는 것조차도 싫어진다. 그럴수록 문을 더 닫고 엄마로부터 물리적으로나 심리적으로나 독립하고자 하는 욕망이 커질 수밖에 없는 것이다.

《엄마수업》의 저자 법륜 스님은 사랑을 크게 단계별로 "첫째, 정성을 기울여서 보살펴주는 사랑이다. 아이가 어릴 때는 정성을 들여서 헌신적으로 보살펴주는 게 사랑이다. 둘째, 사춘기 아이들에 대한 사랑은 간섭하고 싶은 마음, 즉 도와주고 싶은 마음을 억제하면서 지켜봐주는 사랑이다. 셋째, 성년이 되면 부모가 자기 마음을 억제해서 자식이 제 갈 길을 가도록 일절 관여하지 않는 냉정한 사랑이 필요하다"라고 나누어 설명한다. 그러면서 "우리 엄마들은 헌신적인 사랑은 있는데, 지켜봐주는 사랑과 냉정한 사랑이 없다. 이런 까닭에 자녀 교육에 대부분 실패한다"라고 덧붙인다.

딸아이의 독립공간에 대한 욕망은 단순히 엄마의 잔소리에서 벗어나려는 것만이 아닐 것이다. 엄마로부터 심리적으로도 분리가 되기 위한 자연스러운 것임을 알아야 한다. 딸아이가 독립된 성인이 되기 위해 신체적, 정신적, 정서적으로 부모와 분리되기 위한 연습 과정을 잘 해낼 수 있도록 지켜봐줘야 할 것이다.

# 딸과의 대화도 연습이 필요하다

1학기 기말고사가 끝나고, 여름방학이 다가오고 있던 어느 날, 딸아이가 갑자기 엄마한테 할 말이 있는데 허락해줄 수 있냐고 물었다. 무슨 내용인지도 모르고 어떻게 허락을 할 수 있냐고 반문했다. 딸아이는 한참 뜸을 들이더니 어차피 허락하지 않을 것 같아서 말을 하지 않겠다고 하는 것이다. '도대체 무슨 말을 하려고 했을까?' 너무 궁금했다. 말을 하고 안 하고는 너의 마음이지만, 말을 하지 않으면 허락받을 확률이 0%이고, 말을 하면 허락받을 확률이 50%이니 일단 말해보는 것도 나쁘지 않을 것 같다고 설득했다.

"엄마, 여름 방학하면 금요일에 친구하고 부산에 놀러 갔다 와도 돼?"

"친구하고 둘이서만? 금요일에?"

나는 너무 당황해서 무슨 말을 해야 할지 생각이 나지 않았다. 이야기하라고 설득한 게 후회됐다.

"당일치기로 기차 타고 멀리 가보고 싶어."

"부산은 중학생 둘이 가기에는 너무 먼 것 아니야? 엄마가 가자고 하니까 싫다고 하더니…."

"친구하고 가보고 싶은 거지. 바다도 가고 맛있는 것도 먹고 사진도 찍고 싶어."

"그런데 왜 하필 금요일이야? 방학 특강 없는 날로 가는 게 어때? 여행 경비는 어떻게 하려고? 용돈 모아놨어?"

"엄마가 줘야지. 그리고 금요일밖에 시간이 안 된다고!"

딸아이는 본인이 하고 싶다고 말하는 것은 그 자리에서 바로 허락해주기를 바란다. 나는 한 번도 생각해보지 못했던 딸아이의 요구에 당황했고, '중학생 2명이 부산까지 놀러 간다는 것을 허락해야 하나? 나만 허락을 안 하는 건가? 내가 너무 아이를 가둬놓고 키우는 건가?' 하는 생각들로 머리가 복잡했다. 그래서 초등학교 때 단짝이었던 딸아이 친구 엄마를 만났을 때 자연스럽게 이야기가 나와서 물어봤다. 딸아이 친구는 친구들과 캐리비안베이도 갔다 오고, 서울에도 놀러 갔다 왔단다. 당연히 엄마가 적극적으로 허락한 것은 아니지만, 허락하지 않을 수가 없다고 하는 것이다. 나도 그렇고, 딸아이 친구 엄마도 나이가 많은 엄마라는 점에서 중학생 딸아이에 대해 공감되는 부분이 많았다. 우리는 젊은 엄마들이 사춘기 아이들한테 너무 쿨한 것 같다며, "우리가 나이 많은 엄마라 이해를 못 하는 건가?" 하며 씁쓸하게 웃고 말았다.

저녁이 되어 딸아이에게 다시 한번 물어봤다.

"친구 엄마는 허락하신 거야? 다른 엄마는 다른 엄마고, 엄마는 보호자 없이 중학생 2명이 멀리 가는 게 불안해. 엄마가 전화나 문자 하면 바로 답해주고, 친구와 어디 갈 건지 계획했을 테니까 엄마한테 공유해줘. 그리고 갈 때까지 용돈을 모으고, 부족한 돈은 엄마가 주는 걸로 하자. 어때?"

"친구가 금요일 아니면 안 된다고 했단 말이야. 나는 도대체 되는 게 뭐야? 부산 가는 것도 마음대로 못 가고! 파자마 파티도 못 하고!"

딸아이는 화를 내며 방 안으로 뛰어 들어갔다.

딸아이 친구는 학원 일정 때문에 금요일만 갈 수 있다고 한다. 그런데 딸아이는 금요일에 방학 특강이 있어서 날짜 조율이 어렵다고 했다. 그래서 주말에 가면 되지 않냐고 했더니 무엇이 마음에 안 드는 것인지 대꾸도 안 하고 방으로 들어가버렸다.

사춘기 딸아이와의 대화는 한순간도 긴장되지 않은 적이 없다. 딸아이가 무슨 말을 할지, 어떤 요구를 할지, 어느 방향으로 튈지 예측이 불가해서 더 그런 것 같다. 예측 불가한 상황에 마주하면 엄마는 당황하게 되고, 생각한 것처럼 이성적으로 대화를 이어가기가 어렵다. 마음잡고 대화 한번 잘해 보려고 시작해서 버럭 하며 대화가 종료될 수 있는 것이다. 사람은 뭔가 마음에 들지 않는 것이 있거나 서운한 감정이 있으면 입을 닫게 된다. 아이도 그렇고, 엄마도 마찬가지로 대화하고 싶지 않은 마음이 들면 꼭 해야 할 말도 참게 된다. 그러다가 '사춘기니까 엄마가 참아야지' 하며 한두 번 넘기다 보면, 아이도 그것을 당연하게 받아들이고, 엄마는 사춘기 딸을 참아주는 사람으로 여기게 된다. 그러면 사춘기 아이와는 대화할 수 없는 상태가 되는 것이다.

《라이커빌리티》의 김현정 작가는 "'사람들은 옳은 말이 아니라, 내가 좋아하는 사람의 말을 따른다.' 결국 좋아할 만한 사람이 되어야 리더십이든, 성공이든 원하는 것을 가질 수가 있다"라고 말한다.

세상에서 아이를 가장 사랑하는 사람은 엄마일 것이다. 아이가 잘못되기를 바라는 엄마는 없다. 그러니 엄마가 아이에게 하는 말이 틀린 말일 수가 있을까? 당연히 없을 것이다. 그러나 아이는 엄마의 말이 틀려서 안 듣는 것이 아니다. 엄마의 말이 옳다는 것은 알 수 있을 것이다. 다만 엄마 말을 듣는 게 싫은 것이다. 엄마를 좋아하는 마음이 있어야 엄마 말을 듣고 싶어지는 것이다. 딸아이가 사춘기에 접어들고부터 아이도, 엄마도 서로 좋아하는 사이가 맞을까? 열심히 밥해주고, 학원비 내주고, 필요한 것 사주는 책임과 의무로만 대한 것은 아닐까? 아무 조건 없이 좋아해주고 있는 것일까? 다시 한번 생각해보게 된다.

나는 사춘기 딸아이와의 대화를 시도할 때면 조용히 평온하게 시작한다. 나는 대화를 해야 한다는 생각에 대화의 주도권을 쥐고, 내가 원하는 방향으로 끌고 가려고 한다. 그러나 이내 딸아이는 나의 방향을 꺾어버린다. 그러면 내 생각대로 진행되지 않는 대화에 나도 모르게 욱해서 큰소리를 내게 된다. 딸아이와의 대화에도 연습이 필요하지만, 내 감정을 다스리며 평정심을 유지하는 연습 또한 절실히 필요함을 느낀다.

《새는 날아가면서 뒤돌아보지 않는다》의 류시화 작가는 <화가 나면 소리를 지르는 이유>라는 글에서 "사람들은 화가 나면 왜 소리를 지르는가?"라고 질문한다. 그러면서 "사람들은 화가 나면 서로의 가슴이 멀어졌다고 느낀다. 그래서 그 거리만큼 소리를 지르는 것이다. 소리를 질러야만 멀어진 상대방에게 자기 말이 와닿는다고 여기는 것이다. 화가 많이 날수록 더 크게 소리를 지르는 이유도 그 때문이다. 소리를 지를수록 상대방은 더 화가 나고, 그럴수록 둘의 가슴은 더 멀어진다. 그래서 갈수록 목소리가 커지는 것이다"라고 이야기한다. 또한 "두 사람이 사랑에 빠지면 무슨 일이 일어나는가? 사랑을 하면 부드럽게 속삭인다. 두 가슴의 거리가 매우 가깝다고 느끼기 때문이다. 그래서 서로에게 큰소리로 외칠 필요가 없는 것이다. 사랑이 깊어지면 두 가슴의 거리가 사라져서 아무 말이 필요 없는 순간이 찾아온다. 두 영혼이 완전히 하나가 되기 때문이다. 그때는 서로를 바라보는 것만으로도 충분하다. 말없이도 이해하는 것이다. 이것이 사람들이 화를 낼 때와 사랑할 때 일어난 현상이다"라고 덧붙인다.

이러한 깨달음도 준다.

"화가 나면 마음이 닫혀버리기 때문에 상대방이 멀게 느껴진다. 그것이 화의 작용이다. 반면에 사랑은 가슴의 문을 열어, 멀리 있는 사람도 가깝게 느껴지게 한다. 그것이 사랑의 작용이다. 갈등의 10퍼센트는 의견 차이에서 오며, 나머지 90퍼센트는 적절치 못한 목소리 억양에서 온다는 통계가 있다. 당신이 1분 동안 화를 내면 60초 동안의 행복을 잃는 것이다. 소리를 지르는 관계는 가슴이 멀어진 관계이다. 그래서 자기 말이 들리라고 멀어진 가슴에게 더 크게 소리치는 것이다."

아이에게 욱하며 큰소리를 내어 대화가 중단되고 나면, 아이를 향한 내 가슴의 문이 닫히는 것을 느낀다. 그런 엄마를 보면 아이도 엄마를 향한 가슴의 문을 조금씩 조금씩 닫고 있지 않을까 걱정이 된다. 엄마와 딸아이의 관계는 가슴이 멀어진 관계가 아닌 매우 가까운 사이가 되어야 한다. 스스로 욱해서 화낼 때 고통받는 것은 딸아이가 아니라 엄마 자신임을 잊지 말아야 한다. 회복하기 어려울 정도로 멀어진 관계가 되기 전에 딸과의 대화도 연습이 필요하다.

# 딸의 말속에 숨어 있는 마음을 읽어라

첫째 딸과 둘째 딸은 6살 터울이다. 첫째가 초등학생이었기에 한참 어린 동생과 잘 놀아주고, 무척 아껴주며 돌봐주기도 했다. 그리고 엄마가 힘들어하는 것을 알고, 본인이 동생을 위해 해줄 수 있는 것은 뭐든 도와주려고 했다. 그렇게 엄마를 배려해주는 너무나도 착하고 예쁜 첫째 딸이다.

아이 둘을 데리고 외출하거나 엘리베이터를 타면, 사람들이 유모차에 탄 둘째를 보고는 그냥 지나간 적 없었다. "예쁘다", "너무 귀엽다", "똘똘하게 생겼다", "얼굴에서 빛이 난다" 등 다들 한마디씩 했다. 그럴 때면, 나는 아기를 보면 예의상 사람들이 덕담처럼 하는 말이라고 생각했다. 빈말이라도 당연히 그런 소리를 들으면 기분 좋은 것이 사실이다. 그래도 특별히 다른 의미를 부여해서 듣지는 않았다. 외출했을 때 스치는 사람들은 한번 보면 끝이다. 현재 거주하고 있는 아파트 엘리베이터에서 마주치는 사람들은 첫째 딸이 태어났을 때부터 봐왔던 사람들이었기 때문에 그 사람들이 하는 말은 한번 스치는 사람들의 말과는 다른 힘을 갖고 있었다.

어느 날, 첫째 딸이 나에게 물었다.

"엄마, 왜 사람들은 나한테는 아무 말도 안 하고, 동생한테만 예쁘다고 하지? 나는 안 예쁜가 봐."

"아니야. 동생은 아기잖아. 사람들은 원래 아기 보면 다 한마디씩 하고 싶어져. 초등학생이랑 아기랑 둘이 있으면 아기가 작고 신기하니까 아기한테 관심이 가는 거지. 속상해하지 마. 너도 아기 때 데리고 다니면 사람들이 다 그렇게 이야기해줬어."

"정말? 그런데 나하고 동생은 왜 안 닮았어? 내가 봐도 내 동생은 너무 예쁘게 생겼는데…."

첫째 딸의 눈시울이 갑자기 붉어졌다.

집에 돌아와서 나는 많은 생각이 들었다.

'그동안 무수히 들은 그 말들을 가슴에 차곡차곡 쌓아두었구나. 아무한테도 말도 못 하고 속상해하고 있었구나.'

첫째 딸아이의 마음을 어떻게 만져줘야 할지 너무 마음이 아팠다. 동생이 태어나서 몇 년 동안 들었던 이야기를 가슴속에 묻어두고 말로 표현하지 못했다니 속상했다. 말로 하지 못하고 속으로만 속앓이를 했을 텐데…. 동생을 너무 예뻐하고 좋아하는데, 예쁜 동생한테만 사람들이 예쁘다고 말하고, 자신에게는 아무 말도 하지 않는 것으로 미루어볼 때 본인은 못생겨서 사람들이 아무 말도 안 했을 것이라고 결론을 낸 것 같았다. 그런 말을 듣고 그런 생각이 들었을 때 얼마나 마음 아팠을까. 분명히 엄마한테 어떤 형태로든 표현을 했을 텐데, 엄마가 딸아이의 말속에 숨은 아이의 마음을 알아내지 못했을 것이다.

사실 내 마음도 제대로 안다는 게 쉽지 않은데, 누군가의 속마음을 안다는 것은 정말로 더 어려운 일이다. 특히 우리나라 사람들은 자신의 속마음을 솔직하게 말로 표현하지 않는 것을 미덕으로 알고 있어서 말하지 않아도 상대방이 자기 생각이나 마음을 알아주기를 바라는 경향이 있다. 또한 직설적으로 이야기하지 않고 빙빙 돌려서 이야기하고 자신의 의도를 알아주기를 바란다.

나도 예외는 아니다. 나 또한 나의 속마음을 이야기하지도, 내 생각을 말로 잘 표현하지 않았다. 그러면서도 내 마음을 남편한테 말하지 않아도 남편이 알아줬으면 하고 바랐다. 그러나 역시 알아차리지 못했고, 알아차리지 못한 것에 대해서 나 스스로 속상해하고, 알아주지 않은 것에 대해서 서운해했다. 나는 남편한테 왜 이렇게 하지 않냐며 따지고 물으면, 남편은 말하지 않으면 어떻게 알 수 있냐며, 혼자만 서운해한들 본인은 그것조차 알 수 없는 일이니 다음부터는 꼭 말로 해달라고 했다.

'아이는 부모의 등을 보고 자란다'라는 말이 있다. 자식들은 부모의 일상을 보고, 자신이 나아갈 길에 대해 배움을 얻는다는 것이다. 부모가 보여주는 것 그대로, 자녀가 보는 그대로 배우게 된다는 것이다. 부모의 정직한 삶, 올바른 삶의 자세, 배려하는 대인관계 등 자녀에게는 그대로 큰 가르침이 되는 것이다. 어쩌면 내 삶의 방식을 그대로 보고 배운 것이 아닐까 소름이 돋았다. 내가 싫어하는 나의 모습을 딸아이가 그대로 답습하고 있다는 사실을 안 순간, 너무나 후회스럽고 안타까웠다.

언제부터 나는 남편에게 원하는 것을 말하지 않게 됐을까? 주말부부인 남편은 주말에도 토요일, 일요일 중 하루는 대부분 일이 있어서 일주일에 하루만 쉴 때가 많다. 그러면 주말에 올 때 쉬어야 한다는 생각으로 집에 오는 것이다. 하지만 아이들과 나는 주말에 가족이 함께 나들이도 가고 싶고, 아이들 체험활동도 해주고 싶은데, 남편은 쉬어야 한다는 핑계로 함께하지 않을 때가 대부분이었다. 그렇게 주말에 함께 가자고 말할 때마다 거절당한 아이들과 나는 거절당하지 않기 위해 그런 상황, 즉 나가자고 말하는 횟수를 점차 줄이게 됐다. 그러다 보니 나중에는 아예 가자는 말조차도 하지 않게 된 것이다. 말을 했다가 안 간다는 말을 계속 반복해서 듣게 되면, 그것도 상처가 됐던 것 같다. 나의 요청이 거부당했다는 지속적인 실패의 경험이 아예 포기하게 만드는 것이다.

왜 아빠들은 모를까? 아이들이 영원히 기다려주지 않는다는 것을. 지금 아이와 보낼 수 있는 시간이 다시 오지 않는다는 것을. 유치원부터 초등학교 때 아이들과 애정 형성을 돈독히 쌓아놔야 한다는 것을. 그 시절에 아이들과 추억을 충분히 만들어놔야 한다는 것을. 몇 번을 이야기해줘도 사회인으로서, 직장인으로서 맡고 있는 책임과 의무를 훨씬 더 크게 받아들인다. 가족보다 소중하다는 의미가 아니라는 것쯤이야 머리로는 생각하지만, 항상 서운한 것은 사실이다. 이제는 아이들도 "아빠는 원래 바쁘니까" 하고 당연하게 받아들인다. 가족들이 당연하게 받아들인 그 사실이 너무나 슬픈 현실이다.

아이들도 역시 마찬가지다. 엄마에게 이야기해서 거절당할 것 같다든지, 자신이 불리한 것이라든가 야단맞을 것 같은 일은 쭈뼛쭈뼛 이야기를 꺼내려 하다가도 말문을 닫아버리기도 한다. 그런 이야기들도 망설임 없이 말로 표현하기 어려워할 때는 본인의 속마음을 이해해줄 것이라는 엄마의 마음이 느껴져야 말할 수 있는 분위기가 마련되지 않을까? 엄마는 항상 아이들의 상황을 파악하고, 어떤 욕구가 있는지 알 수 있도록 아이들의 마음을 들여다봐야 할 것이다. 아이의 입장에서 생각해봐야만 아이가 말하지 못한 마음의 소리를 들을 수 있지 않을까. 아이가 엄마의 등을 보고 배운다니 엄마도 그런 마음가짐으로 아이들에게 명확하게 표현하는 모습을 보여줘야겠다.

《지금 이대로 좋다》의 저자 법륜 스님은 <소통의 비결>이라는 글에서 "소통이란 말을 잘하는 것이라고 생각하기 쉽지만, 소통의 가장 큰 핵심은 들어주기입니다. 많은 사람을 만나고 생활하면서도 느껴지는 외로움은 내가 마음의 문을 닫고 세상과 상대를 받아들이지 않기 때문이에요. 할 말이 없다면 가만히 상대의 말을 들어주세요. '저 사람의 생각은 저렇구나. 저 사람은 저런 마음이구나.' 소통은 상대가 내 말을 듣고 이해해주는 게 아니라 내가 상대의 말을 잘 듣고 이해해주는 겁니다"라고 말한다.

내가 먼저 아이의 말을 듣고 이해해주는 것이 선행될 때 비로소 소통이 이루어진다는 것이다. 엄마 먼저 연습이 이루어져야 어떤 상황이 닥쳐도 마음에 욱함이 없이 아이를 바라봐줄 수 있을 것이다. 하루아침에 이루어지지 않겠지만, 그런 노력하는 과정 또한 아이도 스스로 노력해야 함을 알게 되는 계기가 될 것이다. 아이도 이해받는 경험, 배려받는 경험, 마음의 소리를 들어봐준 경험이 있어야 엄마의 마음의 소리를 들을 수 있는 아이, 그런 어른으로 성장할 것이다.

# 5장

# 더 이상 사춘기 딸이 어렵지 않다

# 딸은 아동기와 이별 중

사춘기 딸아이가 갑자기 엄마를 멀리하기 시작했다. 엄마한테 하는 말 한마디 한마디가 냉정하다. 엄마의 도움조차 거부한다. 무엇이든 혼자 해결할 수 있다고 생각하는지 엄마의 손길을 거부한다. 사춘기 딸아이는 본인이 더 이상 어린아이가 아니라고 온몸으로 표현하고 있었다. 나는 매일매일 딸아이에게 거부당하고, 거리두기 당하는 느낌에 슬프고 괴로운 날들을 보냈다. 그렇게 사춘기 딸아이가 아동기와 이별하는 중이었음을 알지 못해서 상처받고 속상해하기만 했다.

"언니, 이 화장품 언제 샀어? 나 한번 써봐도 돼?"

"그래. 쓰고 꼭 갖다 놔."

"언니, 새로 산 언니 옷 좀 입어도 돼?"

"제발 뭐 좀 묻히지 말고 입어."

"내가 언제? 알았어. 알았어."

둘째 딸아이는 귀찮다는 듯이 건성건성 대답한다.

언니가 가지고 있는 화장품, 옷 등 새로운 것을 보면 사춘기 딸아이는 써보고 싶어 하고, 언니처럼 해보고 싶어 했다. 빌려달라고 말하면서도 너무도 당당하고, 자기 물건을 찾아가는 사람처럼 말해서 언니는 빌리면서 꼭 자기 것처럼 사용한다고 불만이다. 사용하고도 제자리에 갖다 놓지 않고, 사용 후 잃어버리기도, 파손시키기도 하며, 빌려 입은 옷에 뭔가 잔뜩 묻혀 오기도 한다. 그런데도 딸아이의 태도가 당당해서 언니는 다음부터 빌려주지 않겠다고 엄포를 놓는다. 그런데도 미안하다는 말 한마디만 툭 던지고, 전혀 미안해하지 않는다. 그런 말과 행동을 보는 언니는 동생의 그런 태도에 불만을 터뜨린다. 6살이나 어리면서 언니한테 너무 예의가 없다고 하면, 사춘기 딸아이는 빈정거리며 언니의 화를 더 돋운다.

어느 날, 딸아이가 기분이 좋은지 웃으면서 집에 들어오며 물었다. 평소에는 "다녀왔습니다" 한마디 툭 던지고 얼굴도 안 쳐다보고 자기 방으로 들어가는데, 오늘은 왠지 나에게 달려왔다.

"엄마, 내 눈 좀 봐봐. 어때?"

"눈이 왜? 아파? 어디 봐봐."

"아픈 게 아니고, 내 눈 더 예뻐 보이지 않아?"

"우리 딸 눈 원래 예쁜데."

"에이, 잘 봐봐."

"뭐지? 모르겠는데?"

"엄마는 센스가 없어. 렌즈 꼈잖아."

나는 몇 번을 쳐다봐도 알 수가 없었다. 내가 아무리 봐도 알아차리지 못하자, 딸아이는 엄마가 센스가 없다며 투덜거렸다. 원데이 렌즈에 컬러는 뭐고, 눈동자가 커 보이는 서클렌즈라나 뭐라나 알 수 없는 말들을 늘어놓았다. 언니는 시력이 안 좋아서 안경과 렌즈를 번갈아 가면서 사용한다. 요즘 들어 부쩍 언니의 렌즈를 유난히 관심 있게 보더니 렌즈 전문점에 가서 서클렌즈를 구매한 것이다.

"렌즈는 언제 샀어?"

"주말에 샀는데?"

"학교에 렌즈를 끼고 간 거야? 학교에 렌즈 끼고 가도 돼? 선생님이 뭐라고 안 하셔?"

"모르겠어. 선생님은 모르시는 것 같은데?"

"안 되는 거 알면서 학교에 하고 간 거야?"

컬러렌즈를 학교에 하고 다닌 사실을 안 순간, 화장하는 것도 부족해서 컬러렌즈까지 하다니 '얼른 어른이 되고 싶은가? 어른 흉내를 내고 싶은 건가?'라는 생각이 들었다. '어린아이처럼 보이는 게 싫은 건가? 아이 취급받기가 싫을 수도 있겠다'라고 이해는 하지만, 여전히 마음에 들지 않는다. 딸아이도 엄마한테 냉정하고 쌀쌀맞게 말하지만, 학생답지 않은 행동들을 하는 것을 보면 나도 딸아이에게 다정한 말, 예쁜 말이 나오지 않는다.

팔순이 되신 외할머니 생신을 기념으로 가족 여행을 가게 됐다. 3대가 가는 가족 여행이었다. 가족 10명 중 사춘기 딸아이가 가장 막내였다. 그래서 가족이 모두 모이면 사춘기 딸아이를 어린아이 대하듯

한다. 여행 중에도 어김없이 귀여움을 독차지했지만, 사춘기 딸아이의 반응은 '제발 어린아이 취급하지 마세요', '이제 어린아이 아니에요', '저 좀 그냥 내버려 두세요'라고 외치는 듯했다. 할아버지, 할머니는 밥 먹을 때마다 옆에서 챙겨주시고, 먹고 싶은 게 뭔지, 뭐가 가지고 싶은지, 사고 싶은 게 있으면 다 말하라고 옆에서 계속 이야기하셨다. 사춘기 딸아이는 할아버지, 할머니께는 차마 자기 기분대로 하고 싶은 말을 다 하지 않고 "알겠어요"라고 공손한 대답만 했다. 그런 모습을 보니 '엄마, 아빠한테만 아무렇게나 하는구나!'라는 것을 알았다.

《여자아이의 사춘기는 다르다》의 저자 리사 다무르(Lisa Damour)는 <아동기와 결별하는 단계>라는 글에서 "사춘기의 일곱 가지 발달 과정 중에서 '아동기와 결별하는 단계'를 지나고 있기 때문에 부모에게서 멀어지는 것이다. 열세 살 무렵이 되면 아이들은 유치하게 보이는 모든 것으로부터 멀어지고자 하는 내적 압박을 느끼게 된다. 그것도 아주 갑자기, 따라서 아이들과 친근했던 부모들이 가장 먼저 다치는 부상자가 된다. 사춘기에 들어선 모든 아이가 아동기와 결별하는 단계부터 거치는 것은 아니지만 언젠가 한 번은 거쳐야 할 과정인 것만은 틀림없다. 아이들이 부모와 멀어지는 것은 "혹시 엄마 아빠가 눈치 못 채셨을까 봐 알려드리는 건데요. 전 이제 어린애가 아니에요, 이제 10대랍니다"라는 선언과 같다"라고 말한다. 그러면서 "아이한테서 거부당했다는 느낌에서 한 발짝만 뒤로 물러서면 부모는 아이가 지금 아동기와의 결별이라는 엄청난 발달 단계를 거치고 있음을 직시할 수 있다. 엄마 아빠 손을 붙잡고 사람들 앞에서 바보처럼 굴던 어린 시절에서 벗어나 어엿한 소녀로서 자립성을 주장하는 단계에 다다른 것이다. 이 단계를 지나는 아이는 비밀이 생겨도 부모에게 말하지 않고, 애칭을 부르면 성을 내며, 가족 여행을 가거나 가족사진이라도 찍을라치면 선심이라도 쓰는 것처럼 생색을 낼 것이다. 또 화장도 해보고 친구들과 있을 때는 욕도 하기 시작한다"라고 덧붙인다.

엄마는 딸이 사춘기가 되어도 언제나처럼 둘의 관계가 그대로이길 바란다. 육체와 정신이 성장해도 엄마와의 관계에는 변함이 없기를 바란다. 독립할 때가 되면 독립하면 되는 것이지, 서로에게 아픈 상처를 주면서 정을 떼어야만 성인으로 성장하는 것인지 모르겠다. 친구와 함께하는 시간, 학교에서 보내는 시간, 학원에서 보내는 시간, 밖에서 보내는 시간이 늘어나면서 아이와 엄마와의 시간은 자연스레 줄어든다. 그럼에도 엄마와 함께할 수 있는 그 짧은 시간조차 엄마를 밀어내고, 거리두기 하는 딸아이를 보고 있자니 눈물이 난다. 그래도 아이 옆자리에서 기다리며 아이가 돌아올 때 언제든 받아줄 수 있게 기다려줘야 하는 게 엄마일 것이다.

왜 나는 사춘기 딸아이가 아동기와 이별하는 이 시기가 두려울까? 그것은 딸아이가 엄마에게 가장 중요한 존재이기 때문이다. 사람은 무언가가 중요해지면 두려움을 갖게 된다. 잃어버릴까 두렵고, 다칠까 두렵고, 멀어질까 두렵고, 포기할 수 없기 때문에 두려움이 생긴다. 엄마와 딸 사이에는 소중하고, 중요한 만큼 두려움도 많아진다. 사이가 좋을수록 좋아하는 만큼 두려움도 더 커지는 것이다. 나에게 딸아이는 없어서는 안 되는 존재이기 때문이다.

# 이만하면 충분히 좋은 엄마다

"당신은 몇 점짜리 엄마라고 생각하는가? 당신은 좋은 엄마인가? 나쁜 엄마인가?"라고 누군가 나에게 묻는다면, 나는 좋은 엄마라고 대답할 자신이 없다. 딸아이가 사춘기가 시작되고 나서부터는 "엄마 좋아"라는 말을 들어본 적 없어서다. 항상 "엄마 나빠!"라는 말만 들은 것 같다. 사춘기 딸아이가 원하는 것은 엄마인 내 기준에서 대부분 허용하기 어려운 것들뿐이었기 때문이지 않을까 싶다. 딸아이가 원하는 것이 무엇인지 듣고 나면 '왜 저런 게 하고 싶을까? 왜 저런 게 사고 싶을까?'라는 생각이 먼저 든다. 딸아이는 왜 자기가 하고 싶은 것은 다 안 되냐고만 하냐고, 도대체 자기가 해도 되는 게 뭐냐고, 엄마도 싫고, 아빠도 싫고, 언니도 다 싫다고 말한다.

딸아이와의 대화는 항상 평행선이다.

“시간이 늦었는데 왜 안 씻고 핸드폰만 하고 있어? 빨리 씻고 잘 준비해야지. 핸드폰 하느라 아무것도 안 하네. 안 되겠어. 이제부터는 할 일 다 하고 나서 핸드폰 하자.”

나는 핸드폰을 들고 딸아이의 방에서 나왔다.

“핸드폰 가져가면 씻지도 않고, 아무것도 안 할 거야.”

“핸드폰 하지 말라는 게 아니잖아. 씻고 나면 핸드폰 준다니까!”

“핸드폰 줘야 씻는다고!”

씻지 않으면 누가 손해일까? 안 씻고 자면 누가 찝찝할까? 왜 엄마인 내가 손해 보는 느낌이지? 왜 내가 안 씻은 것처럼 찝찝하지? 딸아이는 안 씻고 자도 아무렇지도 않은 듯 정말 그냥 ‘자버려야겠다’라는 의지를 내뿜으며 침대에 누워 꼼짝을 하지 않았다. ‘참나, 누가 이기나 해보자’라는 마음으로 그냥 내버려두었다. ‘핸드폰 없으면 답답해서라도 할 것 하고, 핸드폰 가지고 가겠지?’라는 생각이었다. 그런데 아침이 되어 보니, 핸드폰은 그대로 거실에 있고, 딸아이는 어제 상태 그대로 잠이 든 것이었다. 침대에서 잠들어 있는 딸아이를 본 순간 어이가 없었다. ‘와! 정말 대단하다. 어떻게 저럴 수가 있지?’ 정말 그대로 잘 거라고는 상상도 하지 못했다. 내가 의도한

바와는 정반대로 흘러가버렸다.

나의 위대한 사춘기 딸아이는 내가 생각하고, 상상하는 대로 생각하고, 행동하는 아이가 아닌 것을 또 잊고 있었다. 나는 항상 나도 모르게 내가 자라온 그 틀에서 벗어나지 못하고, 저절로 그 틀에 딸아이를 끼워서 맞추려고 한다. 그로 인한 아이와의 대립이 나를 나쁜 엄마로 만든 것이다. 그럼 내 딸아이는 나쁜 아이일까? 좋은 아이일까? 내 생각대로 따라주지 않으니까 나쁜 아이일까? 그렇지는 않을 것이다. 다만 엄마가 정해놓은, 아니 더 정확히 말하면 엄마가 좋은 아이라는 틀 안의 기준을 놓고 아이를 바라보던 그 고정관념에 부합하지 않을 뿐이다.

엄마가 원하는 대로, 엄마가 이끄는 대로 거부감이나 반항심 없이 따라오는 아이라면 엄마는 정말 편하고 살맛 날 것이다. 그렇다고 해서 그 아이가 좋은 아이라고 말할 수 있을까? 그 아이는 엄마가 키우기 쉬운 아이일 뿐이다. 그런 아이의 경우, 엄마는 엄마로의 성장을 할 수 있는 기회를 안타깝게도 놓치는 것이라는 생각이 든다. 내가 자라온 과정 그대로, 내 아이도 그렇게 키우니 다른 생각을 할 수 있는 기회가 없는 것이지 않은가? 사람은 새로운 문제가 닥쳤을 때 다른 방법, 좋은 방법을 찾기 위해 생각을 하기 때문이다. 그런 의미에서 나의 위대한 사춘기 딸은 엄마의 성장을 위해 나에게 와준 좋은 아이임에 틀림없다.

《김종원의 진짜 부모 공부》의 김종원 작가는 <지금 그대로도 훌륭한 부모>라는 글에서 "아이와 많은 시간 함께해주지 못하는 처지를 원망하지 마세요. 더 좋은 환경을 제공해주지 못하는 무능에도 아파하지 마세요. 당신은 지금 그대로도 충분히 훌륭합니다. 단지 '부모'라는 이유로 완벽한 사람이 될 필요는 없습니다. 아이를 사랑하는 마음 하나면 충분합니다. 그 마음이 어떤 유명한 육아법이나 좋은 환경보다도 더 위대합니다"라고 말한다.

나에게는 고정관념이 있다. 아마 내 나이 엄마들이라면 공감할 것이다.

'부모님 말씀을 잘 들어야 한다. 부모님께는 대들지 않는다. 말대꾸하지 않는다. 어른들께는 공손히 한다. 하교 후에는 숙제와 준비물을 챙기고, 복습한다. 책상과 방은 깨끗하게 스스로 정리한다. 일찍 자고 일찍 일어난다. 귀가 시간을 지킨다. 규칙적인 생활을 한다. 식사 후에 양치질한다. 자기 전에는 내일 할 일을 미리 계획을 세운다. 돈을 아껴 쓴다. 용돈을 받거나 돈이 생기면 저축한다.'

이것은 누가 가르쳐준 것이 아니고, 내가 성장하는 동안 나의 부모로부터 답습한 것이다. 내가 그렇게 커왔고, 내가 내 아이를 또 그렇게 기대하며 키우고 있었다. 나는 아무 거부감 없이 그대로 성장해서 여기까지 왔지만, 내 사춘기 딸아이는 그런 틀을 거부하며 나를 일깨워줬다. 글로 써놓은 고정관념의 틀을 보니 답답하다는 생각이 들었다. 부모가 아이를 쉽게 다루기 위한 너무 정형화된 틀이 아닌가. 세상 모든 아이를 똑같은 틀에 넣어 키운다면, 모두 다 똑같은 색깔의 아이들로 각각의 특색과 특징을 드러내지 못하고 숨기는 아이로 성장할 것이다.

중학교 3학년은 1, 2학년들과 다르게 2학기 기말고사가 일찍 끝난다. 그래서 고등학교 입학 전에 중학교 졸업 기념으로 여행을 가자고 제안했다. 딸아이도 흔쾌히 좋다고 했고, 이런 기회는 더없이 좋은 기회일 것 같았다. 딸아이와 나는 어느 나라를 갈지, 여행 기간을 며칠로 할지 이야기하는 도중에 딸아이가 말하는 것이다.

"나는 나중에 결혼해서 딸 낳으면 여행 안 데리고 갈 거야."

"딸을 왜 안 데리고 가?"

"딸 데리고 가면 힘들잖아."

"뭐라고? 없는 딸이 너를 힘들게 할 걸 벌써 걱정하는 거야?"

"갑자기 왜 그런 생각을 하게 됐어?"

이때 큰딸아이가 한마디 던졌다.

"네가 엄마 힘들게 하는 거는 아는구나? 그럼, 엄마 힘들게 좀 하지 마!"

미래의 딸아이가 자기를 힘들게 할 거니까 딸아이를 데리고 여행을 가지 않을 것이라는 딸아이의 갑작스러운 말에 나와 큰딸은 웃음이 터졌다. 큰딸아이는 "너나 잘해!"라는 의미의 한마디를 던졌고, 사춘기 딸아이는 아무런 대꾸도 하지 않았다. 그래도 속으로는 '딸이 엄마를 힘들게 하는 존재'라는 생각을 했던 모양이다. 그동안 전혀 그런 내색 한번 비추지 않던 딸이었기에 더 많은 생각이 들었다. 한편으로는 자기가 엄마를 힘들게 하고 있다는 자책을 하고 있지 않을까 하는 걱정도 됐다. 이제 중학교 3학년 말, 길고 길었던 사춘기 터널을 지나간 시간이 주마등처럼 지나갔다. 여전히 말투와 행동은 똑같을지언정 그래도 '자기'만 생각하던 아이가 '엄마가 힘들 것'이라고 생각했다니 고생의 끝이 보이나 보다.

《내 아이의 속도》의 이화자 작가는 <좋은 엄마, 행복한 엄마>라는 글에서 "'좋은 엄마에게서 행복한 아이가 태어나는 것이 아니다. 행복한 엄마에게서 행복한 아이가 태어난다.' '좋은 엄마'를 포기하면 '행복한 엄마'가 될 수 있다. 좋은 엄마는 단지 자신의 주관적인 기준 속에 있는 엄마이기 때문에 아이들이 보기에는 오히려 '나쁜 엄마'다. 아이들은 기준이 높은 잣대를 들이대는 엄격한 엄마의 그늘 속에서 좌절하고 아파한다. 엄마의 눈높이를 낮추고 있는 그대로의 아이들 모습을 바라볼 때 아이들은 행복을 느끼고, 엄마는 비로소 '행복한 엄마'가 된다"라고 말한다.

나는 아이를 잘 키운 좋은 엄마, 완벽한 엄마가 되기 위한 노력만 한 것은 아닐까? 내가 좋은 엄마로 평가받기 위해서는 그것을 내세울 만한 결과가 있어야 할 테니 아이를 내 기준에 맞춰 누가 봐도 그럴듯한 아이로 만들려고 애썼던 것 같다. 그러니 아이의 부족한 부분만 보이고, 고쳐야 할 부분만 보였던 것이다. 그러면 아이는 그 틀을 벗어나는 데 에너지를 쏟느라 본인이 진정 에너지를 쏟아야 할 곳에는 정작 쓸 에너지가 없게 된다. 엄마는 내 아이의 부족한 것을 있는 그대로 받아들이는 것부터 시작해야 한다. 그리고 내가 가지고 있는 정형화된 틀을 버리고 아이가 하고 싶은 것, 되고 싶은 것에 집중할 수 있게 해주는 것이다. 나의 욕심을 내려놓는 순간 조급했던 마음이 행복한 마음으로 바뀐다. 내 아이에게 가장 좋은 엄마는 바로 '나'라는 사실을 알아야 한다.

# 딸을 떠나보내는 연습을 하라

사춘기 딸아이가 어느 날 갑자기 고등학교에 가면 자취시켜주면 안 되냐고 물었다. 너무나 갑작스러운 딸아이의 물음에 "왜?"라는 대답만 나왔다. 하지만 내 머릿속에는 무수한 생각들이 스쳐 지나갔다. 나는 딸아이가 중학교에 입학하면서 생각한 바가 있었다. 딸아이가 기숙사 있는 고등학교에 들어가서 주중에는 학교에서 기숙사 생활을 하고, 주말에 집에 오면 서로 부딪칠 일이 적을 것으로 생각했다. 서로의 생활을 간섭하지 않고, 서로에게 상처를 줄 기회가 적을 것이라고 여겼기 때문이다. 그런데 딸아이는 그전까지 기숙사에 들어가는 것보다 엄마와 같이 있는 게 낫다고 외치다가 이제 와서 고등학생이 되면 자취하기를 바라는 마음이 드는 것은 왜일까?

"엄마, 나 고등학교에 가서 자취하면 안 돼?"

"왜? 집이 멀지도 않은데 자취를 해? 기숙사 있는 고등학교에 가면 좋을 것 같은데, 싫다더니."

"엄마 잔소리 듣기 싫어서."

"뭐? 엄마가 하는 말이 잔소리라고 생각해? 네가 해야 할 것들을 알아서 하면 엄마가 무슨 말을 하겠어? 안 하니까 말하게 되는 거잖아. 네가 안 하는 것은 생각 안 하는 거야? 성인이 되면 독립할 수 있어. 그때까지 방 얻을 돈 모아놔."

잔소리 듣기 싫어서 엄마와 떨어져서 살고 싶다고 말하는 딸아이를 보며 다시금 생각하게 됐다. '내가 무슨 잔소리를 그렇게 많이 했다고 그러지?' 잔소리라고 생각할 것 같아서 두 번 말할 거 한 번 말하고, 세 번 말할 거 한 번 말하는데 말이다. 다시 생각해도 어이가 없다. '내가 엄마니까 엄마 입장에서 생각해서 그런가?'라고 다시 생각해봐도 뒤통수 맞은 느낌이다. 왜 본인이 안 하는 것에 대해서는 문제가 없다고 생각하고, 엄마가 잔소리한다고만 생각하는 것일까? 본인이 알아서 해야 할 것을 하면 엄마인 나도 두말할 필요가 없을 텐데 말이다. 그러면 엄마도 편하고, 본인도 편한 것 아닌가? 왜 나만 그렇게 생각하는지 모르겠다.

자취하는 딸아이를 잠시나마 상상해봤다. 매일 밤늦게까지 핸드폰 하다가 다음 날 아침 매일 지각할 것이고, 편의점에서 컵라면으로 매일 아침, 저녁을 때울 것이며, 방은 발 디딜 틈도 없이 물건들이 널브러져 있을 것이다. 그렇지 않아도 밤늦게 자면 왜 안 되는지, 매일 라면만 먹으면 왜 안 되는지, 방 안 치우면 왜 안 되는지, 그냥 무엇을 하든지 아무 말 하지 않고 놔두기를 바라는 딸아이인데 혼자 있으면 오죽할까 싶다. 딸아이는 혼자 있어도 아무 문제가 없을 것으로 생각하는 것 같다. 밥이야 편의점에서 사 먹으면 되고, 학교야 아침에 알람 맞춰놓고 일어나서 가면 되고, 돈만 있다면 문제 될 게 하나도 없다고 생각하는 듯하다.

《자녀의 사춘기에서 살아남기》의 저자 칼 피크하르트(Carl Pickhardt)는 <청소년기 딸과 엄마>라는 글에서 "부모-자녀 관계에 영향을 미치는 주된 요인 두 가지는 사회적 애착과 성별 유사성이다. 애착 관계가 깊고 유사점이 많을수록 유대관계는 더 끈끈해진다. 청소년기를 지나며 자녀는 애착과 단절의 문제, 그리고 유사성과 차별성의 문제를 겪으면서 자기만의 독립성과 개성을 확립해간다. (중략) 가족 안에서 이중으로 묶인 관계는 모녀관계뿐이다. 태어날 때부터 애착 관계로 엮여 있고 성별적 유사성까지 공유하기 때문이다. 나는 이러한 이중 친밀감 때문에 딸이 청소년기가 됐을 때 적절한 독립성을 확보하고 엄마와의 관계를 벗어나 자기만의 개성을 확립하는 일이 극단적으로 어려운 것이라 믿는다. 엄마와 딸의 애착 관계를 끊는 과정은 두 사이의 관계성에 많은 상처를 남긴다"라고 말한다. 그러면서 "상담을 하다 보면 십 대 여자아이가 독립적인 여성으로서의 분리와 차별의 필요성을 호소하는 경우를 종종 마주한다. '난 엄마가 아니에요. 엄마처럼 되고 싶지도, 그럴 리도 없으니까, 저 좀 제발 내버려두세요!' 이러한 반항 뒤에는 정말 하고 싶은 말이 숨어 있다. '엄마로부터 독립하고 싶고 엄마와 달라지고 싶어요. 하지만 엄마와는 계속 가까운 관계로 남고 싶으니 절 떠나지 마세요. 버리지 마세요!' 상담 중 이런 모습을 보고 있으면 자신에게 심리적 생명을 준 여성과 맞서 자신의 심리적 생명을 수호하기 위해 싸우는 젊은 여성을 보는 것 같다"라고 덧붙인다.

애착 관계로 엮여 있고, 성별의 유사성까지 공유한 나와 딸아이와의 관계가 이중 친밀감 때문에 서로에게 독립하기가 어렵다는 것이다. 나도 나의 엄마와의 관계에서 독립하기가 쉽지 않았고, 지금도 여전히 독립하기 위해 싸우고 있음을 느낀다. 딸은 독립하려고 애쓰고 있는데 엄마가 놔주지 못해 서로에게 상처를 남기는 것이다. 엄마와의 관계를 버리는 것이 아닌, 독립적인 존재로서의 분리와 차별을 인정하는 것부터 시작해야 할 것이다.

고민거리 하나도 없는 듯한 딸아이가 어느 날 고등학교 진로 선택에 관해 말을 했다.

"엄마, 나 A 고등학교에 가면 어떨까?"

“A 고등학교가 어디에 있는 거야? B 고등학교에 간다고 하지 않았어?”

“A 고등학교에 가서 공부 열심히 하면 내신 잘 받을 수 있어.”

“학교 분위기가 중요해. 공부 안 하는 분위기인 학교에 가면 공부하려다가도 분위기에 휩쓸려서 공부를 안 하게 되지.”

“아냐. 난 그래도 공부 할 수 있어.”

아무 생각 없이 학교만 왔다 갔다 하는 줄 알았더니 고등학교 진학에 관해 신경이 많이 쓰였던 모양이다. 조만간 고등학교 진학 접수를 해야 하는데 내신을 잘 받으려면 어느 고등학교에 진학하는 게 나은지 정보를 찾아보며 고민하고 있었던 탓에 스트레스를 많이 받은 듯했다. 나는 그동안 그냥 놀기 좋아하고, 친구만 좋아하는 아이라고만 생각하고, 언제 철이 드나 하고 어린아이 취급만 한 것이다. 엄마와 대립해도 엄마랑 있는 게 더 낫다고 생각했던 아이가 자취를 꿈꿀 정도로 성장해버린 것을 나는 그동안 몰랐던 것이다. 핸드폰을 들고 친구들과 낄낄거리는 모습만 보고 철없다고 치부해버리고, 그 이면에 딸아이의 고민과 성장하는 모습을 알아차리지 못했다.

《내가 가는 길이 꽃길이다》의 작가 손미나 아나운서는 <우리는

너를 믿는다>라는 글에서 자신에게 보낸 아빠의 편지를 전한다. 손 작가의 아빠는 "오늘 통금에 대해 분명히 해두고 싶은 게 있다. 결론부터 말하자면 통금 시간은 정해두지 않을 생각이다. 귀가 시간이 따로 있어도 네가 그것을 어기거나, 불만스러운 마음을 품고 억지로 지키거나 혹은 지키지 않고 지킨 것처럼 속이려 든다면 아무런 의미가 없기 때문이란다. 그래서 엄마와 아빠는 이에 대한 어떠한 룰도 만들지 않기로 했다"라고 말한다. 그러면서 "하지만 네 마음속에 너만의 마지노선을 하나 정하면 좋겠구나. 그것에는 두 가지 조건이 있다. 우선 몇 시라도 좋으니 반드시 지킬 수 있는 시간을 정해라. 열두 시가 아니라 새벽 두 시여도 좋고, 세 시여도 좋으니 정하고 나면 반드시 지키거라. 다음으로 절대 그게 몇 시인지 우리에게 알리지 말아다오. 부모도 사람인지라 알게 되면 통제하고 싶어지는 법이란다. 우리에게 그런 짐을 지우지 말고 마음속으로 네 자신과 약속을 해서 어떤 상황에서도 꼭 지키기를 바란다. 무엇보다 아빠는 우리 딸을 믿는다는 말을 하고 싶구나"라고 덧붙인다.

대학생이 된 딸을 독립적인 존재로 인정하고, 부모의 통제가 아닌 딸 자신에게 결정권을 부여하며, 자율적 책임에 대한 화두를 던져 딸로 하여금 자유를 얻기 위해 어떤 책임을 지고, 또 어떻게 절제할 것인가를 고민하게 만든 손미나 아나운서 아빠의 현명함이 담긴 편지였다. 나의 사춘기 딸은 대학생이 되기까지는 시간이 있지만, 나도 서서히 딸을 독립시켜야 하는 시기를 위해 엄마로서 자율적 책임에 대한 바람을 담아 사춘기 딸과 연습을 해야겠다는 생각이 들었다.

# 사춘기, 그 끝에는 행복이 기다린다

나는 한동안 어깨충돌증후군으로 치료를 받았다. 하지만 상태가 호전되지 않고 악화되어 MRI 검사를 권유받고 MRI를 찍게 됐다. MRI 장비에 몸을 넣고 눈을 뜬 순간 더 버틸 수가 없었다. '이런 게 폐쇄공포증인가?'라는 생각과 함께 더 버티지 못하고 장비에서 빠져나왔다. 할 수 없이 수면 MRI를 예약하고 집으로 돌아올 수밖에 없었다. MRI 검사를 위해 전날 밤에 입원했다가 새벽에 MRI를 찍는다고 했다. 보호자가 같이 오면 보호자도 함께 PCR 확인서를 제출해야 한다고 했다. 나는 누구와 갈지 고민할 것도 없이 혼자 가려고 생각했다. 그래서 PCR 검사도 혼자 하고 준비물을 간단히 챙겨 집을 나오면서 딸아이에게 이야기했다.

"엄마, 수면 MRI 검사를 해야 해서 지금 입원하러 가."

"엄마 혼자? 왜 혼자 가?"

"같이 갈 사람이 없잖아. 그리고 혼자 가도 괜찮아."

"내가 있잖아. 왜 이야기 안 했어? 나랑 가면 되잖아."

"진짜? 엄마는 당연히 네가 싫어할 줄 알았지."

"엄마 아프면 당연히 가야지."

"진작 물어볼 걸 그랬네. 너는 PCR 검사를 안 해서 갈 수가 없어."

당연히 싫어할 것으로만 생각해서 딸아이에게 말도 하지 않았는데, 딸아이가 보인 의외의 반응에 놀라기도 하고 살짝 감동도 받았다. 엄마가 아프다고 하니 그래도 신경이 쓰이는 듯 말투가 평소와 다르게 느껴졌다. '평소에 이 정도로만 말해주면 좋을 텐데…' 하며 뒤돌아 나왔다. 딸아이의 그런 모습을 보면서 나오니 마음이 한결 편했다. 고속버스를 타고 병원에 가는 길에 딸아이가 문자도 보내줬다. 병원에 도착하니 딸아이가 카톡으로 사진을 하나 보내왔다. 그것은 바로 CU 편의점에서 판매하는 '연세우유 말차 생크림빵' 사진이었다. 출시된 이후 먹어보고 싶었는데 편의점 갈 때마다 품절이어서 아쉬워하고 있었던 터였다. 그것을 딸아이가 기억하고 있었던 것이다.

"엄마! 엄마 주려고 편의점에서 연세우유 말차 생크림빵 사왔어."

"대박, 어떻게 알았어? 엄마 이거 먹고 싶었는데."

"저번에 엄마가 이야기했던 게 갑자기 생각나서 편의점에 가봤더니 딱 있는 거야. 내일 오면 엄마 먹어. 냉장고에 넣어 둘게."

"딸 먹고 싶으면 먹어도 돼."

"그럼 반만 잘라먹고 남겨놓아도 돼?"

딸아이가 중학생이 된 이후 처음 들어보고, 처음 받아보는 느낌이었다. 엄마를 생각하는 마음이 아예 없는 것은 아니었구나. 딸아이에 대해 다시 한번 생각할 수 있는 시간이 됐다. 하룻밤이지만 떨어져 있는 동안 딸아이의 마음도 알 수 있었고, 나 또한 내가 그동안 알아차리지 못하고 놓친 것이 무엇인지 생각할 시간을 갖게 됐다. 매일 눈떠서 잠들 때까지 보는 관계이다 보니, 보이는 게 오로지 딸아이의 약점과 단점이고, 그것을 고치려고만 했다. 아이의 강점과 장점을 찾아 더 키워주려는 노력을 하지 않았다는 사실을 느꼈다. 초등학생일 때까지는 아이가 무엇을 잘하는지, 어디에 소질이 있는지 다방면으로 신경 쓰며 찾으려고 애썼다. 그런데 중학생이 되면서부터는 이상하게도 약점과 단점을 고치려고만 애썼던 것 같다. 부족한 면을 고쳐야 모든 면에서 잘하는 아이가 될 수 있다고 생각했던 것이다. 그러다 보니 딸아이에게 나는 잔소리하는 엄마가 된 것이다. 중학생이 되어서도 아이의 강점을 살려주고, 장점을 살려주는 엄마였다면 이렇게까지 아이와 대립하는 관계가 안 됐을 텐데 하고 후회가 됐다.

《부모의 사춘기 공부》의 이정림 작가는 <사춘기와 그 이후의 행복에 대해 생각하라>라는 글에서 "사춘기를 행복하게 보내 아이가 행복한 어른이 된다. 자긍심은 먼저 자신을 사랑하고 존중하는 데서부터 시작된다. 자신을 가치 있게 여기고 존중하는 사람이 남도 귀하게 여기고 존중할 줄 아는 것이다. 자긍심은 남과 경쟁하거나 비교해서 얻는 것이 아니다. 행복한 부모의 모습을 본 아이들이 행복을 꿈꾸게 된다"라고 말한다.

딸아이를 위해 고군분투 애쓰는 모습을 보여주며, '엄마가 너를 위해 애쓰고 있다'라는 모습을 보여주는 것보다 엄마의 삶을 행복하게, 엄마 스스로 만족스러운 행복감을 느끼는 모습을 보는 것이 아이에게는 더없이 편안하고 안정감 있는 행복을 선사해주는 것이다. 행복해하는 엄마를 보며 심리적으로, 정서적으로 더 안정적인 아이로 만들어주는 것이 엄마로서 최선이 아닐까?

언제부터인지 딸아이가 화장실만 들어갔다 하면 물소리도 안 나는데 무엇을 하는지 도통 나올 생각을 하지 않았다. 화장실에서 나오는 딸아이 얼굴을 보니 울긋불긋 꽃이 핀 듯했다. 얼굴에 피지가 있어서 짰다는 것이다. 딸아이 얼굴을 아무리 들여다봐도 피지가 있기는커녕, 잡티 하나 없이 깨끗한 피부인데 말이다. 괜히 깨끗한 얼굴에 손톱으로 눌러 짠 자국만 선명하게 남아 자국이 흉이 되지 않을까 걱정이 됐다.

"딸, 화장실에서 도대체 뭐 해?"

"피지가 많아서 짰어."

"피지가 어디 있다고 깨끗한 얼굴에 손톱자국을 그렇게…. 흉 생기면 어떡하려고 그래?"

"엄마가 몰라서 그래. 얼마나 많은데."

"손으로 짜지 말고 제발, 피지를 짰으면 소독하든지, 진정 좀 시켜줘야지."

"자고 일어나면 괜찮아져."

하루가 멀다고 얼굴을 짜대니 빨갛게 성이 난 얼굴이 가라앉을 틈이 없다. 빨개진 딸아이 얼굴을 보면 나도 모르게 화가 올라왔다. 멀쩡한 얼굴을 왜 손을 대서 빨갛게 만들고, 흉이 생기도록 하는지 말이다. 가만히 놔둬도 정말 예쁘고 고운 피부인데 속이 상한다. 피부만큼은 자부심 가질 만큼 예쁘게 낳아줬더니 깨끗했던 피부는 온데간데없이 사라졌다. 몇 번을 반복해서 이야기해도 고쳐지지 않았다. 이제는 그런 소리가 듣기 싫었는지 언제 짜는지도 모르게 몰래 짜고는 얼굴에 손대지 않았다고 잡아떼기까지 한다. 그러기를 반복하다가 하루는 얼굴 좀 그만 짜라는 나의 말에 딸아이는 정색하고 말했다.

“엄마, 나 스트레스 받아서 그런 거야.”

저녁에 혼자 산책하다가 지나가던 엄마와 유치원생으로 보이는 아들이 하는 대화를 듣게 됐다.

“엄마, 형아는 왜 얼굴을 짜는 거야?”

“형아가 스트레스 받아서 그런가 봐. 얼굴 짜면 스트레스가 해소되나? 흉진 얼굴 보면 스트레스가 더 쌓일 것 같은데!”

‘저 집 아들도 얼굴을 많이 짜는구나. 엄마는 모두 얼굴 흉이 질

걱정만 똑같이 하는구나. 그래도 동생이 형아 마음을 좀 이해하네' 라고 생각하며, 엄마와 아들의 대화에 웃음이 나왔다.

《이토록 공부가 재미있어지는 순간》의 박성혁 작가는 <'뿌리는 시절'을 기꺼이 받아들이는 사람>라는 글에서 "모죽이라는 대나무가 있어요. 이 대나무는 씨를 뿌리고 나서 흠뻑 물을 주고 아무리 정성껏 돌봐줘도 싹 하나 돋아나지 않죠. 잠잠하기만 합니다. 자그마치 5년 동안요. 그러다 5년이 지난 어느 날부터 느닷없이 쑥쑥 자라나기 시작하지요. 하루에 80센티미터씩 거침없이 올라가요. 30미터가 될 때까지 멈추지 않습니다. 30미터는 남자 열여덟 명의 키를 합한 높이예요"라고 말한다. 그러면서 "'하늘을 찌를 듯 높이 솟은 저 대나무가 혹시 푹 쓰러져 버리지 않을까?' 위태위태한 대나무 줄기를 걱정하던 사람들은 모죽의 뿌리를 파보았습니다. 그리고 깨달았어요. 쓸데없는 걱정이었다는 것을요. 모죽의 뿌리는 사방팔방으로 얽히고설켜 땅속 깊이 박혀 있었거든요. 그 길이를 모두 합쳐보니 무려 4,000미터에 이르는 게 아니겠어요? 모죽은 5년 동안 땅속에 꼼짝없이 갇혀만 있던 게 아니었던 겁니다. 아래로, 땅속으로 깊이 파고들어 치열하게 내공을 다지고 있었던 것입니다. 때를 기다리고 준비하고 있었던 것이지요"라고 덧붙인다.

모죽은 5년 동안 겉모습만 크지 않았을 뿐 뿌리 성장을 해왔던 것이다. 그동안 성장을 위한 자양분을 꾸준히 비축하며 도약의 내실을 기했을 것이다. 5년 후를 대비해 참아왔을 끈기와 노력에 놀라지 않을 수 없다. 열심히 하고 있는데 지금 당장 성과가 안 보인다고 조급해할 필요가 없다. 내실을 기하며 노력해왔다면 언젠가는 분명 빛을 발하게 될 것이다. 겉으로 드러나는 결과나 성과에 급급해 내면의 뿌리를 내리는 데 소홀해서는 안 된다. 사춘기 딸아이와의 관계가 당장 나아지지 않는다고 초조해할 필요가 없다. 사춘기 딸아이가 지금 눈으로 보기에는 성장하지 않는 것처럼 보일지 모르지만, 사춘기 딸은 내실 있게 뿌리를 내리고 있는 것으로 생각해야 한다. 사춘기 그 끝에는 행복이 기다리고 있을 테니 말이다.

# 딸에게서 배운 행복

《지금 이대로 좋다》의 저자 법륜 스님은 <행복과 불행은 내가 만드는 것>이라는 글에서 “두 눈 다 잘 보이던 사람이 한쪽 눈을 다치면 불행하다고 생각합니다. 하지만 앞을 못 보던 사람이 한쪽 눈이 보이게 되면 행복해하겠지요. 똑같이 한쪽 눈으로 세상을 보지만 그 조건이 한 사람에게는 불행이 되고 다른 사람에게는 행복이 됩니다”라고 말한다. 그러면서 “행복과 불행은 다른 사람이나 어떤 조건이 만드는 것이 아니라 내가 만들 때가 많습니다. 상대를 바꿔야 내가 행복해질 수 있다면 그걸 이룰 수 없을 때는 상대를 탓하거나 절망할 수밖에 없지만, 불행의 원인이 나의 어리석음에 있고 사물을 바라보는 관점이 잘못되어서 생긴 문제라면 아주 쉽게 문제를 해결할 수 있습니다”라고 덧붙인다.

‘행복’이 무엇이라고 생각하는가? 아이가 초등학생일 때 자녀 교육에 관한 강연에 참석 안 해본 엄마는 없을 것이다. 자녀 교육 강연을 청강하다 보면 강연가들이 묻는 첫 질문이 있다. “자녀가 성인이 되면 어떤 사람이 되기를 바라는지”가 그것이다. 사회적으로 성공하고, 부자가 되기를 원한다고 말하는 엄마들은 거의 없다. 자녀가 자기가 하고 싶은 일을 하면서 행복한 삶을 사는 사람이 됐으면 좋겠다는 대답이 대부분이다. 자기가 하고 싶은 일을 하며 사는 행복한 삶에는 성공과 경제적 풍요 모두 포함되어 있는 게 분명하다. ‘행복’이라는 단어는 참 많은 의미를 포함하고 있는 것 같다.

사람은 성장하는 시기별로 행복을 느끼는 포인트가 모두 다르다. 아기일 때 느끼는 행복, 초등학생일 때 느끼는 행복, 중학생인 지금 느끼는 행복은 어디에서 오는 것인지 다를 것이다. 고등학생, 대학생, 사회인이 되면 지금과는 또 다른 것에서 행복을 느끼고 살 것이다. 서로 다른 것으로부터 행복을 느낀다고 하더라도 궁극적으로는 본인이 얼마만큼 ‘만족’하는지에 따라 행복의 정도가 달라질 수 있을 것이다.

나의 중학생 딸아이는 요즘 무인 판매 아이스크림 할인점에서 파는 ‘중국 간식’이라고 하는 ‘곤약 스낵’과 마라탕, 불닭볶음면에 빠져있다. 딸아이는 맛있다고 하는데, 나는 중국 간식의 냄새에 적응하기가 힘들다. 방에 들어가 곤약 스낵을 뜯으면 온 집 안에 냄새가 퍼진다. 정말이지 코를 틀어막게 하는 대단한 위력을 갖고 있다. 왜 그렇게 아이들은 그 마라 맛에 열광하는지 모르겠다. 불닭볶음면도 '맵다'라는 점에서 아이들이 열광할 수밖에 없는 공통점이 있다.

하교 후 방에 들어간 딸아이의 방문을 여는 순간, 나도 모르게 눈살이 찌푸려지고 코를 찌르는 듯한 냄새가 났다.

"딸, 이거 무슨 냄새야? 냄새 안 나? 창문 열고 환기 좀 시켜 봐."

"냄새 안 나는데? 중국 간식 너무 맛있어. 마라 맛이야."

딸아이는 간식 봉지를 내 얼굴에 내밀었다.

"헉. 무슨 냄새야? 이걸 어떻게 먹어?"

"맛있는데? 엄마도 먹어봐."

딸아이는 곤약 스낵 여러 개와 불닭볶음면을 사 와서는 눈 깜짝할 사이 먹어 치우면서 흡족해한다. 친구들과 만나도 대부분 마라탕을 먹으러 간다. 집에서 밥을 먹고 나가라고 말해도 친구들과 사 먹을 거라며, 아침을 제외한 나머지 식사는 나가서 먹으려 한다. 아이들은 자극적이고, 이롭지 않은 간식거리들을 너무 쉽게 사 먹을 수 있다. 누군가 제재하지 않으면 자기 조절력이 부족한 중학생들은 맛있다는 이유로 그냥 사 먹고 만다. 몸에 좋은지, 나쁜지에 관한 판단을 하지 않는다. 뉴스에서도 '맵고 얼얼한 중국식 탕 요리, 마라탕이 초등학생들에게 인기를 끌면서 학부모들의 걱정이 커지고 있다'라고 보도된 바 있지만 신경 쓰지 않는다. 이제는 주류와 담배만이 아니고, 간식거리 및 음식에도 아이들에게 너무 자극적인 것들은 제재를 가했으면 하는 바람이다.

게다가 딸아이 중학교 교문 옆에 '탕후루' 판매점이 오픈했다. 과일 몇 개 꽂아놓고 설탕 시럽에 담가 굳혀 판다는데 가격이 최소 3,000원이다. 과일의 종류에 따라 가격에 차등이 있다고 한다. 학교 주변에는 그런 간식들 상점만 생겨난다. 학교 끝나고 나오는 아이들이 한걸음에 달려가 탕후루를 먹겠다고 줄을 서는 것을 봤다. 이제 좋아하는 간식거리가 하나 더 늘었다. 새로운 간식거리가 아이들 간에 등장하면 어김없이 뉴스에도 나온다. '중국 음식 탕후루에 초등생들 환호, 설탕 시럽이 상당하다는 만큼, 혈당을 올리고 내열을 증가시켜 비만과 면역력 저하의 원인이 될 수 있다는 것, 특히 성장기인 초등생들이 섭취할 경우 주의가 필요하다'라고 보도된 바 있다. 주의를 필요로 한다고는 하지만, 아이들이 사 먹는 것을 제재할 방법이 없다. 아이들이 스스로 조절할 수 있는 능력을 키워줘야 하는 방법밖에는 없다.

생각해보면, 나도 초·중·고 학창 시절의 즐거움 중 하나가 하교 후 친구들과 몰려가 간식거리를 먹는 것이었다. 그때는 불량식품이라고 하는 학교 앞 간식들이 왜 그리 맛있었는지 모르겠다. 학교가 끝나면 배가 고프기도 했지만, 학원을 다니지 않아서인지 시간도 많았고, 친구들과 놀면서 간식거리를 사 먹고 집에 가는 게 일과였다. 그때 나의 엄마도 불량식품 좀 그만 사 먹으라고 무척이나 혼내셨던 기억이 난다. 하지만 그것도 혼날 때뿐, 다음 날이 되면 까맣게 잊고 어김없이 사 먹곤 했다. 그런데 내가 엄마가 되고 보니 오로지 아이 건강이 걱정될 뿐, 친구들과 함께 먹고, 함께했던 시간의 그 행복감을 잊고 있었다. 딸아이도 그 행복감을 누리고 있는 것일 텐데 말이다.

딸아이가 어느 날 캔 음료 2개를 안고 집에 돌아왔다. 나는 음료수를 싫어하기 때문에 아이들에게 되도록 음료수를 먹지 말라고 강조한다. 그런데 편의점에서 원 플러스 원으로 팔고 있는데, 시험 기간이라 친구가 공부할 때 마시라고 사줬다고 했다. 그러면서 밤새워 공부할 거라는 것이다. 밤을 새우면 내일 아침이 되어서야 잠이 들 것이고, 그러다 보면 밤에 일어나게 되고 수면 패턴이 엉망이 될 테니까 밤새우지 말고 그냥 평소대로 자라고 이야기해줬다. 그런데도 공부한다고 새벽에 잠이 든 것이다. 나는 딸아이의 책상을 보고 놀라지 않을 수가 없었다. 책상 위에 '핫○○'라는 캔 음료가 놓여 있었던 것이다. 어제는 탄산음료로 생각하고 신경 쓰지 않았는데, 그게 에너지 음료였던 것이다. 나는 몇 년 전에 에너지 음료를 마시고 몸이 안 좋아진 고등학생 이야기 뉴스를 접하고 나서 '에너지 음료'의 존재를 알게 됐다. 내 딸아이가 그것을 마셨다고 생각하니 충격이 말이 아니었다. 설마 중학생이 마실 거라고는 상상도 하지 못한 일이었기 때문에 더욱 충격이 아닐 수 없었다.

"딸! 핫○○ 마셨어? 이게 뭔 줄 알고 마신 거야?"

"어. 어제 친구가 사줬다고 했잖아."

"중학생이 마시면 안 돼. 이런 것 마시고 공부하면 나중에 안 마시면 집중할 수가 없어서 아무것도 하지 못하게 돼. 이런 것에 의존하지 말고 해야 실력이 늘지."

"알았어."

안 마신다고는 대답했지만, 알 수 없는 일이다. 한번 경험해보고 효과가 있다고 느끼면 또 하고 싶은 게 사람이다. 갑자기 이런 음료를 판매한 편의점에 가서 따지고 싶어졌다. 몇 년 전 뉴스에 대대적으로 나온 적 있어서 위험성에 대해 알고 있다. 뉴스에 나온 학생의 경우는 건강상 문제가 발생해서 문제가 됐다. 하지만 고카페인 음료를 섭취해도 건강상 문제가 없다면 문제 제기의 여지가 없기 때문에 엄마들만 걱정하는 상황이 된다.

딸아이는 시험을 잘 보고 싶은 마음, 성적이 잘 나왔으면 하는 바람이 있어서 그런 결정을 했을 것이다. 원하는 점수를 얻기 위해 지금 노력하면서 힘들지만 참고 실행하는 과정에 있는 딸아이가 힘듦을 이겨내는 과정을 통해 성취하는 만족감을 느낄 수 있기를 바란다.

《가짜 행복 권하는 사회 : 심리학은 어떻게 행복을 왜곡하는가》의 저자 김태형 심리학자는 <행복은 왜 쾌감이 아닌가>라는 글에서 "행복은 쾌감이 아니다. 따라서 불쾌를 피하고 쾌를 추구하는 행동으로는 절대로 행복해질 수 없다. 쾌감은 일시적으로 지나가는 것이다. 콜라를 마실 때의 쾌감은 그때뿐이다. 아침에 콜라를 마셨다고 해서 저녁까지 내내 쾌감을 느낄 수 있는 것은 아니다. 행복은 일시적인 쾌감이 아니라 지속적인 무엇이다. 철학자 반 덴 보슈는 "행복이란 인간이 만족하고 기뻐하는 상태다. 순간적인 기쁨 이상의 것이다"라고 강조했다. 그의 언급이 시사하듯, 행복을 굳이 감정을 중심으로 논의하자면, 행복의 쾌의 감정보다는 만족의 감정과 더 큰 관련이 있다. 무엇보다 쾌의 감정은 지속 시간이 짧은 데 비해 만족의 감정은 지속 시간이 상대적으로 더 길기 때문이다"라고 말한다.

아이들이 느끼는 행복이 쾌감이 아니라 만족에서 오는 행복감이기를 바란다. 쾌감은 욕망의 즉각적인 충족이고, 만족은 목적 실현의 과정에서 느끼는 것이라고 한다. 요즘은 어른들뿐만 아니라 아이들도 영상에 길들어져 있다. 천천히 하는 것, 생각하는 것을 좋아하지 않는다. 빠르게 지나가는 영상에 즉각적으로 반응하는 것에 익숙해 있다. 그런 쾌감을 행복으로 착각하지 않기를 바란다. 이 모든 과정이 힘겹게 느껴지는 엄마지만, 이 또한 행복해지는 과정의 일부분일 뿐이란 것을 알게 해준 사춘기 딸아이에게 감사하다.

# 사춘기 딸이 더는 어렵지 않다

또래보다 성장이 한참 느렸던 딸아이가 중학교에 입학하자 몰라보게 부쩍 커버렸다. 그런 딸아이를 주위에서 보고 "딸내미 사춘기 왔겠네? 이제 힘들겠다"라는 말을 자주 듣게 됐다. 이런 말을 반복적으로 듣다 보니 딸아이가 '사춘기가 아니면 이상한 거 아닌가?'라는 생각까지 하게 됐다. 사춘기가 당연하게 받아들여지니 어떤 상황이 발생해도 결론은 '사춘기라 그런 거야', '사춘기 지나가면 다 괜찮아져'라는 말로 결론을 맺었다. 또한 딸아이도 '나는 중학생이니까 사춘기야'라는 생각으로 행동이 변하는 것 같았다. 굳이 안 해도 될 것들도 '사춘기니까'라는 생각으로 해보고, 주위에서 말하는 '사춘기니까 이해해, 하는 반응을 즐기는 것 아닌가?'라는 생각도 들었다.

사람은 보통 잘못된 상황이 반복되면 해결 방법을 생각한다. 그런데 사춘기 딸아이는 고치려는 생각과 의지는커녕 무엇이 잘못됐는지조차 모른다. 딸아이에게는 오늘만 있고, 내일은 없는 것 같다. 사람들이 흔히 하는 말로 '사춘기 딸은 우리 집에 온 손님이다. 손님처럼 대해라'라는 말이 떠올랐다. 나는 속으로 생각했다. '손님이 남의 집에 와서 저러면 되나?'라고 말이다. 어떤 말이든 듣는 사람이 누구를 기준으로 삼느냐에 따라 관점이 다 다르게 해석이 되는 것 같다. 그래서 가끔 나도 사춘기 딸아이가 이해가 가지 않을 때나 한 대 쥐어박고 싶을 때마다 마음속으로 반복해서 말한다. '그래, 너는 우리 집에 온 손님이다. 있는 동안만 참자'라고 말이다.

"딸, 일찍 좀 일어나. 아침마다 엄마 힘들어. '일찍 일어나는 새가 벌레를 잡는다'라는 말도 몰라?"

"엄마, 나 괜히 일찍 일어나서 잡아먹히기 싫어."

"어이가 없네. 그걸 그렇게 해석해?"

딸아이도 엄마가 한 말을 듣고 자기 관점에서 해석하고 나니 그런대로 맞는 논리가 펼쳐졌다. 엄마의 의도를 알면서도 모른 척하는 아이를 보며 웃음이 나왔다. 어떤 상황이든, 어떤 말이든 사람이 생각하기 달렸다는 말이 맞는다. 내가 아이의 대답을 듣고 '엄마 말을 이해 못하니?' 하고 화를 내고 아이를 무시했다면, 그날 아침은 불 보듯 뻔했을 것이다. 그런데 그때 그냥 웃으며 "우리 딸이 벌레였구나" 하며, 벌레 흉내를 내며 마무리했으니 하루를 웃으며 시작할 수 있었다.

《김종원의 진짜 부모 공부》의 김종원 작가는 <우리는 부모다>라는 글에서 "아이를 키우다 보면 행복하고 좋을 때도 많지만 그렇지 않은 순간도 분명 존재합니다. 아이의 어떤 부분이 마음에 들지 않으면 부모는 순간 괴로워지기까지 합니다. 그럴 때 이렇게 생각해보면 어떨까요? '만약 내 아이에게 부모를 선택할 수 있는 기회가 주어졌다면 과연 내 아이는 나를 선택했을까?' 자신 있게 답할 수 있다면 당신은 좋은 부모입니다. 그러나 대답할 자신이 없다면 '부모로서의 나'에 대해 성찰하는 기회로 삼기를 바랍니다. 우리는 서로에게 가장 귀한 손님임을 언제나 기억해야 합니다"라고 말한다.

'아이에게 부모를 선택할 기회가 주어진다면 딸아이가 나를 선택할까?' 문득 소름이 돋았다. 딸아이의 관점에서 생각하니, 그동안 딸아이는 '엄마 때문에 얼마나 힘들었을까?'라는 생각이 들었다. 사춘기라는 고정관념에 갇혀 엄마도, 아이도 스스로 행동과 생각에 얽매일 필요가 없다. '사춘기니까 당연히 힘들지'라는 생각으로 딸아이를 마주한 순간, 그 에너지는 어김없이 힘든 상황을 만들어낼 것이다.

딸아이가 중학생이 되고부터, 나는 사람들과 대화할 때 일부러 나의 자녀와 또래의 자녀를 육아하고 있는 사람들을 주로 만났다. 사춘기 자녀를 육아하고 있지 않더라도 자녀의 사춘기를 경험해본 사람들을 만났다. 그럴 때마다 내가 해온 말들이 있다.

"아이 사춘기 지났어요? 힘들지 않으세요?"
"저 지금 딸아이가 중학생인데 너무 힘들어요."
"딸아이가 제 말을 너무 안 들어요."
"딸아이가 자기 하고 싶은 대로만 해요."
"저는 사춘기 딸아이가 너무 어려워요."

그러면 지인들은 내 마음에 공감해주며 본인 자녀의 사춘기에 대해 들려주곤 했다. 그런 이야기를 들으면서 '나만 힘든 게 아니구나', '사춘기 아이들은 다 똑같구나'라며 위안받고 싶었던 것 같다. 하지만 위안은 아주 잠시만 내 마음에 평화를 줬을 뿐, 사춘기 딸아이에 대한 불안과 어려움을 해결해주지는 않았다. 다른 사람들에게서 들은 이야기는 그들의 자녀에 대한, 그들의 자녀를 위한 말이었을 뿐이다. 내가 남들에게 "저는 사춘기 딸아이가 너무 어렵다"라는 말을 하고 다니면서 느낀 점이 하나 있다. 내가 말하는 것이 곧 현실이 되고, 주문을 외운 것처럼, 소원을 빈 것처럼 내가 원하지 않았지만 그렇게 되고 있었던 것 같다.

《김종원의 진짜 부모 공부》의 김종원 작가는 <습관적으로 뱉는 말이 인생을 결정한다>라는 글에서 "인간이 위대한 이유는 습관을 만들 수 있기 때문입니다. 습관은 한번 만들어지면 그 힘이 점점 커집니다. 나중에는 그 습관이 사람의 인생을 결정하죠. 그렇기 때문에 나쁜 습관이 들지 않도록 항상 경계해야 합니다"라고 말한다. 그러면서 "하지만 우리는 부모가 습관적으로 뱉는 나쁜 표현이 아이를 정교하게 조각한다는 걸 종종 잊고는 합니다. '내가 그럼 그렇지!', '귀찮아 죽겠다!', 운도 지지리도 없지!' 이러한 부모의 말을 아이가 반복해 듣는다면 어떤 일이 일어날까요? 부모의 말과 꼭 닮은 사람으로 성장합니다. 늘 부정적으로 생각하고 무기력한 일상을 반복하면서 지독하게 운이 없는 사람이 되죠. 아이가 활짝 웃을 수 있는 희망과 사랑의 말을 자주 들려주세요"라고 덧붙인다.

맞다. 정말로 그랬다. 내가 습관적으로 내뱉은 부정적인 말대로 딸아이가 행동했고, 그 행동에 변화를 주려고 하지 않았다. 변했으면 하는 마음으로 쏟아낸 부정적인 말들이 부정적인 현실을 유지하고, 만들어내고 있던 것이다. "나는 사춘기 딸아이가 너무 어려워요"라고 말하는 대로 계속 어렵기만 했다. 부정적인 소원이 이루어진 것처럼.

이 간단한 진리를 깨닫기까지 너무 긴 시간이 걸렸다. 부정적인 생각과 말로 나의 자녀를 조각할 것인지, 긍정적인 생각과 말로 나의 자녀를 조각할 것인지 말하지 않아도 누구에게나 당연한 것을 왜 그동안 나는 반대로만 하고 있었던 걸까?

《긍정의 말습관》의 저자 오수향 작가는 <말이 행동에 미치는 영향>이라는 글에서 "부정적인 단어 혹은 문장을 말하면, 신체 능력이 떨어지거나 부정적인 행동을 유발시키고 긍정적인 단어나 문장을 말하면 신체 능력을 높이거나 긍정적인 행동을 촉진 시킬 게 분명하다. 이처럼 말의 힘을 통해 우리는 자신의 삶을 통제하고 긍정적인 방향으로 이끌어갈 수 있다. "할 수 있다"는 긍정적인 말 습관을 가지고 있는 사람은 잠재력을 끌어올려 진취적이고, "안 될 거야"라는 부정적인 말 습관을 입에 달고 사는 사람은 잠재력을 위축시키며 평상시에도 소극적인 행동을 할 것이다"라고 말한다. 그러면서 "조엘 오스틴은 긍정의 힘에서 '말은 자신에게 하는 예언'이라고 했다. 말은 씨앗과 비슷하다. 입 밖으로 나온 말은 우리의 무의식 속에 심어져 생명력을 얻는다. 그리고 뿌리를 내리고 자라서 그 내용과 똑같은 열매를 맺는다. 우리가 긍정적인 말을 하면 우리 삶은 긍정적인 방향으로 펼쳐진다. 부정적인 말은 부정적인 결과를 낳는다. 패배와 실패를 말하면서 승리의 삶을 살려고 애써봐야 아무 소용없다. 뿌린 그대로 수확할 뿐이다"라고 덧붙인다.

나는 현재의 모습만 보고 부정적인 말로 딸아이를 고칠 수 없다는 사실을 안다. 이제는 부정적인 말로 딸아이를 고치려고 하기보다는 긍정적인 생각과 말로 내가 원하는 모습의 딸아이를 상상하고, 생각하며 긍정적인 에너지를 나와 딸아이에게 주기로 생각했다. 나는 이제 더 이상 사춘기 딸아이가 어렵지 않다.

# 저도 사춘기 딸이 어렵습니다만

제1판 1쇄 2024년 1월 22일
제1판 2쇄 2024년 11월 25일

지은이 제 나
펴낸이 한성주
펴낸곳 ㈜두드림미디어
책임편집 배성분
디자인 김진나(nah1052@naver.com)

**㈜두드림미디어**
등 록 2015년 3월 25일(제2022-000009호)
주 소 서울시 강서구 공항대로 219, 620호, 621호
전 화 02)333-3577
팩 스 02)6455-3477
이메일 dodreamedia@naver.com(원고 투고 및 출판 관련 문의)
카 페 https://cafe.naver.com/dodreamedia

ISBN 979-11-93210-36-9 (03590)

**책 내용에 관한 궁금증은 표지 앞날개에 있는 저자의 이메일이나 저자의 각종 SNS 연락처로 문의해주시길 바랍니다.**

책값은 뒤표지에 있습니다.
파본은 구입하신 서점에서 교환해드립니다.